한국산업인력공단 새 출제기준에 따른 최신판!!

ALL PASS

굴착기운전기능사
필기시험 총정리문제

최고의 적중률!! 최고의 합격률!!

대한민국 국가자격 에듀크라운 크라운출판사
대표브랜드 시험문제 국가자격시험문제 전문출판 국가자격시험문제 전문출판
전문출판 http://www.crownbook.com

이 책을 펴내면서…

최근 건설 및 토목 등의 분야에서는 각종 건설기계가 다양하게 사용되고 있으며, 건설기계의 구조 및 성능도 나날이 발전하고 있다.

건설 산업 현장에서 건설기계는 그 효율성이 매우 높기 때문에 국가산업 발전은 물론, 각종 해외 공사에서까지 막대한 역할을 수행하고 있다.

이에 따라 건설 산업 현장에서 건설기계 조종 인력이 많이 필요하게 되었으나 현재는 이 기술 인력이 절대적으로 부족한 실정이다.

즉, 건설기계 조종사 면허증에 대한 효용가치가 그만큼 높아졌으며 유망 직종으로 부각되고 있다.

이 책은 굴착기운전기능사 필기시험을 준비하는 수험생들이 짧은 시간 내에 마스터할 수 있도록 하는데 중점을 두었으며, 출제기준에 맞추어 공부할 수 있도록 다음과 같은 특징으로 구성하였다.

- 시험에 자주 출제되는 문제들의 핵심정리를 넣어 시험 출제 경향을 알 수 있도록 하였다.
- 과년도 문제들을 분석하여 각 단원 별로 정리하였다.
- 빠른 시일 내에 공부할 수 있도록 편집하였다.
- 필기시험 출제 경향에 맞추어 집필하였다.

끝으로 수험생 여러분들의 앞날에 합격의 영광과 발전이 있기를 기원하며, 이 책의 부족한 점은 여러분들의 조언으로 계속 수정하고 보완할 것을 약속드린다. 또한 이 책이 세상에 나오기까지 물심양면으로 도와주신 크라운출판사 임직원 여러분께 깊은 감사의 말씀을 전한다.

굴착기운전기능사 자격시험 안내

개요

굴착기는 주로 도로, 주택, 댐, 간척, 항만, 농지정리, 준설 등의 각종 건설공사나 광산 작업 등에 쓰이며, 건설기계 중 가장 많이 활용된다. 이러한 굴착, 성토, 정지용 건설기계인 경우 운전하는데 특수한 기술을 요하며, 또한 안전운행과 기계수명 연장 및 작업능률 제고 등을 위해 숙련된 기능을 가진 인력을 양성하기 위하여 자격제도를 제정하였다.

수행직무

굴착기는 주로 도로, 주택, 댐, 간척, 항만, 농지정리, 준설 등의 각종 건설공사나 광산 작업 등에 쓰이며, 건설기계 중 가장 많이 활용된다. 이러한 굴착, 성토, 정지용 건설기계인 경우 운전하는데 특수한 기술을 요하며, 또한 안전운행과 기계수명 연장 및 작업능률 제고 등을 위해 숙련된 기능을 가진 인력을 양성하기 위하여 자격제도를 제정하였다.

진로 및 전망

주로 건설업체, 건설기계 대여업체 등으로 진출하며, 이외에도 광산, 항만, 시·도 건설사업소 등으로 진출할 수 있다. 대규모 정부정책사업(고속철도, 신공항건설 등)의 활성화와 민간부문의 주택건설증가, 경제발전에 따른 건설촉진 등에 힘입어 꾸준히 발전할 것으로 기대된다.

자격시험 안내

○ 시행처 : 한국산업인력공단

○ 훈련기관 : 건설기계 관련 일반 사설학원

○ 시험과목
  - 필기 : 건설기계기관, 전기 및 작업장치, 유압일반, 건설기계관리법규 및 도로통행방법, 안전관리
  - 실기 : 굴착기운전 작업 및 도로주행

○ 검정방법
  - 필기 : 전과목 혼합, 객관식 60문항(60분)
  - 실기 : 작업형(6분 정도)
  - 합격기준 : 필기·실기 100점을 만점으로 하여 각 60점 이상

굴착기운전기능사 필기 출제기준

직무분야	건설	중직무 분야	건설지계운전	자격 종목	굴착기운전기능사	적용 기간	2025.1.1~2027.12.31.
직무내용	건설 현장의 토목 공사 등을 위하여 장비를 조종하여 터파기, 깎기, 쌓기, 메우기 등의 작업을 수행하는 직무이다.						
필기검정방법	객관식			문제 수	60	시험시간	1시간

필기과목명	문제수	주요항목	세부항목	세세항목
굴착기 조종, 점검 및 안전관리	60	1. 점검	1. 운전 전 · 후 점검	1. 작업 환경 점검 2. 오일 · 냉각수 점검 3. 구동계통 점검
			2. 장비 시운전	1. 엔진 시운전 2. 구동부 시운전
			3. 작업상황 파악	1. 작업공정 파악 2. 작업간섭사항 파악 3. 작업관계자간 의사소통
		2. 주행 및 작업	1. 주행	1. 주행성능 장치 확인 2. 작업현장 내 · 외 주행
			2. 작업	1. 깎기 2. 쌓기 3. 메우기 4. 선택장치 연결
			3. 전 · 후진 주행장치	1. 조향장치 및 현가장치 구조와 기능 2. 변속장치 구조와 기능 3. 동력전달장치 구조와 기능 4. 제동장치 구조와 기능 5. 주행장치 구조와 기능
		3. 구조 및 기능	1. 일반사항	1. 개요 및 구조 2. 종류 및 용도
			2. 작업장치	1. 암, 붐 구조 및 작동 2. 버켓 종류 및 기능
			3. 작업용 연결장치	1. 연결장치 구조 및 기능
			4. 상부회전체	1. 선회장치 2. 선회 고정장치 3. 카운터웨이트
			5. 하부주행체	1. 센터조인트 2. 주행모터 3. 주행감속기어

굴착기운전기능사 필기 출제기준

필기과목명	문제수	주요항목	세부항목	세세항목
굴착기 조종, 점검 및 안전관리	60	4. 안전관리	1. 안전보호구 착용 및 안전장치 확인	1. 산업안전보건법 준수 2. 안전보호구 및 안전장치
			2. 위험요소 확인	1. 안전표시 2. 안전수칙 3. 위험요소
			3. 안전운반 작업	1. 장비사용설명서 2. 안전운반 3. 작업안전 및 기타 안전 사항
			4. 장비안전관리	1. 장비안전관리 2. 일상 점검표 3. 작업요청서 4. 장비안전관리교육 5. 기계 · 기구 및 공구에 관한 사항
			5. 가스 및 전기 안전관리	1. 가스안전 관련 및 가스배관 2. 손상방지, 작업시 주의사항(가스배관) 3. 전기안전 관련 및 전기시설 4. 손상방지, 작업시 주의사항(전기시설물)
		5. 건설기계관리법 및 도로교통법	1. 건설기계관리법	1. 건설기계 등록 및 검사 2. 면허 · 사업 · 벌칙
			2. 도로교통법	1. 도로통행방법에 관한 사항 2. 도로표지판(신호, 교통표지) 3. 도로교통법 관련 벌칙
		6. 장비구조	1. 엔진구조	1. 엔진본체 구조와 기능 2. 윤활장치 구조와 기능 3. 연료장치 구조와 기능 4. 흡배기장치 구조와 기능 5. 냉각장치 구조와 기능
			2. 전기장치	1. 시동장치 구조와 기능 2. 충전장치 구조와 기능 3. 등화 및 계기장치 구조와 기능 4. 퓨즈 및 계기장치 구조와 기능
			3. 유압일반	1. 유압유 2. 유압펌프, 유압모터 및 유압실린더 3. 제어밸브 4. 유압기호 및 회로 5. 기타 부속장치

차례

제1편

굴착기운전기능사
핵심이론 및 예상문제

※ 본 출제기준 중 2. 도로교통법 → 2. 도로표지판(신호, 교통표지) 항목은
표지 안에 표로 구성되어 있음을 알려드립니다.

차례

제2편

굴착기운전기능사
실전모의고사

제1편

굴착기운전기능사
핵심이론 및 예상문제

1 건설기계관리법

1) 목적 및 정의

① 건설기계의 등록·검사·형식승인 및 건설기계 사업과 건설기계 조종사 면허 등에 관한 사항을 정하여 건설기계를 효율적으로 관리하고 건설기계의 안전도를 확보하여 건설공사의 기계화를 촉진함을 목적으로 한다.

② 건설기계란 건설공사에 사용할 수 있는 기계로서 대통령령이 정하는 것을 말하며, 건설기계의 종류는 27종이 있다.

③ 건설기계 형식이란 구조·규격 및 성능 등에 관하여 일정하게 정한 것을 말한다.

2) 건설기계 사업

① **건설기계 사업의 분류**

대여업, 정비업, 매매업, 해체재활용업 등이 있으며, 건설기계 사업을 영위하고자 하는 자는 시·도지사에게 등록하여야 한다.

② **건설기계 대여업 등록신청서에 첨부하여야 할 서류**
- 건설기계 소유사실을 증명하는 서류
- 사무실의 소유권 또는 사용권이 있음을 증명하는 서류
- 주기장 소재지를 관할하는 시장·군수·구청장이 발급한 주기장 시설보유확인서
- 계약서 사본

3) 건설기계의 신규 등록

① **건설기계를 등록할 때 필요한 서류**
- 건설기계의 출처를 증명하는 서류
  - 건설기계 제작증(국내에서 제작한 건설기계의 경우에 한한다.)
  - 수입면장 기타 수입 사실을 증명하는 서류(수입한 건설기계의 경우에 한한다.)
  - 매수증서(관청으로부터 매수한 건설기계의 경우에 한한다.)
- 건설기계의 소유자임을 증명하는 서류. 다만, 서류가 건설기계의 소유자임을 증명할 수 있는 경우에는 당해 서류로 갈음할 수 있다.
- 건설기계 제원표
- 자동차손해배상보장법에 따른 보험 또는 공제의 가입을 증명하는 서류

② **건설기계 등록 신청**
- 건설기계를 취득한 날부터 2개월(60일) 이내에 소유자의 주소지 또는 건설기계 사용본거지를 관할하는 시·도지사에게 하여야 한다.
- 전시·사변 기타 이에 준하는 국가비상사태 하에 있어서는 5일 이내에 하여야 한다.

4) 등록사항 변경신고

① 건설기계 등록사항에 변경이 있을 때(전시·사변 기타 이에 준하는 비상사태 및 상속 시의 경우는 제외)에는 등록사항의 변경신고를 변경이 있는 날부터 30일 이내에 하여야 한다.

② 건설기계 등록지가 다른 시·도로 변경되었을 경우 등록이전 신고를 하여야 하며, 등록이전신고 대상은 소유자 변경, 소유자의 주소지 변경, 건설기계의 사용본거지 변경이다.

③ 건설기계를 산(매수한)사람이 등록사항변경(소유권 이전)신고를 하지 않아 등록사항 변경신고를 독촉하였으나 이를 이행하지 않을 경우 매도한 사람이 직접 소유권 이전신고를 한다.

5) 건설기계의 등록말소 사유

① **건설기계 등록의 말소사유**
- 거짓이나 그 밖의 부정한 방법으로 등록을 한 경우
- 건설기계가 천재지변 또는 이에 준하는 사고 등으로 사용할 수 없게 되거나 멸실된 경우
- 건설기계의 차대(車臺)가 등록 시의 차대와 다른 경우
- 건설기계가 건설기계안전기준에 적합하지 아니하게 된 경우
- 최고(催告)를 받고 지정된 기한까지 정기검사를 받지 아니한 경우
- 건설기계를 수출하는 경우
- 건설기계를 도난당한 경우
- 건설기계를 폐기한 경우
- 구조적 제작 결함 등으로 건설기계를 제작자 또는 판매자에게 반품한 때
- 건설기계를 교육·연구 목적으로 사용하는 경우

② **등록말소 기간**
- 건설기계의 소유자는 해당하는 사유가 발생한 경우에는 30일 이내에, 건설기계를 도난당한 경우에는 2개월 이내에 시·도지사에게 등록말소를 신청하여야 하며, 건설기계를 수출하는 경우에는 수출 전까지 등록 말소를 신청하여야 한다.
- 시·도지사는 등록을 말소하려는 경우에는 미리 그 뜻을 건설기계의 소유자 및 이해관계인에게 알려야 하며, 통지 후 1개월(저당권이 등록된 경우에는 3개월)이 지난 후가 아니면 이를 말소할 수 없다.

6) 건설기계 조종사 면허

건설기계를 조종할 때에는 건설기계 관리법 외에 도로상을 운행할 때에는 도로교통법 중 일부를 적용 받는다.

① **건설기계 조종사 면허**
- 건설기계조종사면허를 받으려는 사람은 국가기술자격법에 따른 해당 분야의 기술 자격을 취득하고 국·공립병원, 시·도지사가 지정하는 의료기관의 적성검사에 합격하여야 한다.
- 건설기계조종사면허는 국토교통부령으로 정하는 바에 따라 건설기계의 종류별로 받아야 한다.
- 건설기계를 조종하려는 사람은 시·도지사에게 건설기계조종사면허를 받아야 한다.
- 건설기계조종사면허증의 발급, 적성검사의 기준, 그 밖에 건설기계조종사면허에 필요한 사항은 국토교통부령으로 정한다.
- 해당 건설기계 조종의 국가기술자격소지자가 건설기계조종사면허를 받지 않고 건설기계를 조종하면 무면허이다.
- 건설기계조종사 면허가 정지 또는 취소된 경우에는 그 사유가 발생한 날로부터 10일 이내에 주소지를 관할하는 시·도지사에

게 그 면허증을 반납하여야 한다.

- 특수건설기계 조종은 국토교통부장관이 지정하는 면허를 소지하여야 한다.

② 건설기계 조종사 면허의 결격 사유
- 18세 미만인 사람
- 정신병자, 정신쇠약자, 뇌전증 환자
- 앞을 보지 못하는 사람, 듣지 못하는 사람
- 국토교통부령이 정하는 장애인
- 마약, 대마, 향정신성 의약품 또는 알코올 중독자
- 건설기계 조종사 면허가 취소된 날부터 1년이 경과되지 아니한 자
- 허위 기타 부정한 방법으로 면허를 받아 취소된 날로부터 2년이 경과되지 아니한 자
- 건설기계 조종사면허의 효력정지 기간 중에 건설기계를 조종하여 취소되어 2년이 경과되지 아니한 자

③ 기재사항 변경신고
건설기계조종사는 성명, 주민등록번호 및 국적의 변경이 있는 경우에 그 사실이 발생한 날부터 30일 이내(군복무·국외 거주·수형·질병 기타 부득이한 사유가 있는 경우에는 그 사유가 종료된 날부터 30일 이내)에 기재사항 변경신고서를 주소지를 관할하는 시·도지사에게 제출하여야 한다.

④ 자동차 제1종 대형면허로 조종할 수 있는 건설기계
덤프트럭, 아스팔트살포기, 노상안정기, 콘크리트 믹서 트럭, 콘크리트 펌프, 천공기(트럭적재식을 말한다.), 특수건설기계 중 국토교통부장관이 지정하는 건설기계이다.

⑤ 소형건설기계 면허
- 소형건설기계의 종류
  5톤 미만의 불도저, 3톤 미만의 굴착기, 3톤 미만의 로더, 5톤 미만의 로더, 3톤 미만의 지게차, 이동식 콘크리트 펌프, 쇄석기, 공기압축기, 5톤 미만의 천공기(트럭적재식은 제외), 준설선, 3톤 미만의 타워크레인
- 소형건설기계 교육이수 시간
  - 3톤 미만 굴착기, 지게차, 로더의 교육시간은 이론 6시간, 조종실습 6시간이다.
  - 5톤 미만 불도저, 로더, 이동식 콘크리트 펌프의 교육시간은 이론 6시간, 조종실습 12시간이다.
  - 공기압축기, 쇄석기 및 준설선에 대한 교육 이수시간은 이론 8시간, 실습 12시간이다.

⑥ 건설기계 조종사 면허를 반납하여야 하는 사유
- 건설기계 면허가 취소된 때
- 건설기계 면허의 효력이 정지된 때
- 면허증의 재교부를 받은 후 잃어버린 면허증을 발견한 때

⑦ 건설기계 면허 적성검사 기준
- 두 눈을 동시에 뜨고 잰 시력이 0.7 이상일 것(교정시력을 포함한다)
- 두 눈의 시력이 각각 0.3 이상일 것(교정시력을 포함한다)
- 55데시벨(보청기를 사용하는 사람은 40데시벨)의 소리를 들을 수 있고, 언어 분별력이 80% 이상일 것
- 시각은 150도 이상일 것
- 마약·알코올 중독의 사유에 해당되지 아니할 것

7) 등록번호표

① 규격 및 재질
- 규격 : 가로 520㎜×세로110㎜×두께1㎜

* "0"은 건설기계, "12"는 기종번호, "가 4568"은 일련번호

- 재질: 알루미늄 제판(KS D6701 A1050P "0")

② 번호표의 색상
- 비사업용(관용 또는 자가용) : 흰색 바탕에 검은색 문자
- 대여사업용: 주황색 바탕에 검은색 문자
- 등록번호표에 표시되는 모든 문자 및 외곽선은 1.5㎜ 튀어나와야 한다.

③ 일련번호
- 관용 0001~0999
- 자가용 1000~5999
- 대여사업용 6000~9999

8) 건설기계 임시운행

① 임시운행 기간
- 임시운행 기간은 15일 이내로 한다.
- 신개발 건설기계를 시험·연구의 목적으로 운행하는 경우에는 3년 이내로 한다.

② 임시운행 허가사유
- 등록신청을 하기 위하여 건설기계를 등록지로 운행하는 경우
- 신규 등록검사 및 확인검사를 받기 위하여 건설기계를 검사장소로 운행하는 경우
- 수출을 하기 위하여 건설기계를 선적지로 운행하는 경우
- 신개발 건설기계를 시험·연구의 목적으로 운행하는 경우
- 판매 또는 전시를 위하여 건설기계를 일시적으로 운행하는 경우

9) 건설기계검사

우리나라에서 건설기계에 대한 정기검사를 실시하는 검사업무 대행기관은 대한건설기계 안전관리원이다.

① 건설기계검사의 종류
- 신규등록검사 : 건설기계를 신규로 등록할 때 실시하는 검사이다.
- 정기검사 : 건설공사용 건설기계로서 3년의 범위에서 국토교통부령으로 정하는 검사유효기간이 끝난 후에 계속하여 운행하려는 경우에 실시하는 검사와 대기환경보전법 제62조 및 소음·진동관리법 제37조에 따른 운행차의 정기검사이다.
- 구조변경검사 : 건설기계의 주요 구조를 변경 또는 개조한 때 실시하는 검사이다.
- 수시검사 : 성능이 불량하거나 사고가 빈발하는 건설기계의 성능을 점검하기 위하여 시·도지사의 명령에 따라 수시로 실시하는 검사이다.

② 정기검사 신청기간 및 검사기간 산정
- 정기검사를 받고자하는 자는 검사유효기간 만료일 전후 각각 30일 이내에 신청한다.
- 건설기계 정기검사 신청기간 내에 정기검사를 받은 경우 다음 정기검사 유효기간의 산정은 종전 검사유효기간 만료일의 다음 날부터 기산한다.
- 정기검사 유효기간을 1개월 경과한 후에 정기검사를 받은 경우 다음 정기검사 유효기간 산정 기산일은 검사를 받은 날의 다음 날부터이다.

③ 정기검사 연기신청기간
- 건설기계 소유자는 천재지변, 건설기계의 도난, 사고 발생, 압류, 1개월 이상에 걸친 정비 그 밖의 부득이 한 사유로 검사신청기간 내에 검사를 신청할 수 없는 경우에는 검사신청기간 만료일까지 검사연기신청서에 연기 사유를 증명할 수 있는 서류를 첨부하여 시 · 도지사에게 제출하여야 한다.
- 검사연기신청을 하였으나 불허 통지를 받은 자는 검사신청기간 만료일로부터 10일 이내 검사를 신청하여야 한다.

④ 정기검사 최고
정기검사를 받지 아니한 건설기계의 소유자에 대하여는 정기검사의 유효기간이 만료된 날부터 3개월 이내에 국토교통부령이 정하는 바에 따라 10일 이내의 기한을 정하여 정기검사를 받을 것을 최고하여야 한다.

⑤ 검사소에서 검사를 받아야 하는 건설기계
덤프트럭, 콘크리트 믹서 트럭, 콘크리트 펌프(트럭적재식), 아스팔트 살포기, 트럭 지게차(국토교통부 장관이 정하는 특수 건설기계인 트럭 지게차를 말한다)

⑥ 당해 건설기계가 위치한 장소에서 검사하는(출장검사) 경우
- 도서지역에 있는 경우
- 자체중량이 40톤을 초과하거나 축중이 10톤을 초과하는 경우
- 너비가 2.5m를 초과하는 경우
- 최고속도가 시간당 35km 미만인 경우

⑦ 건설기계 정기검사 유효기간

기종	구분	검사유효기간
1 굴착기	타이어식	1년
2 로더	타이어식	2년
3 지게차	1톤 이상	2년
4 덤프트럭	–	1년
5 기중기	타이어식, 트럭적재식	1년
6 모터그레이더	–	2년
7 콘크리트 믹서 트럭	–	1년
8 콘크리트펌프	트럭적재식	1년
9 아스팔트살포기	–	1년
10 천공기	트럭적재식	2년
11 타워크레인	–	6개월
12 그 밖의 건설기계	–	3년

⑧ 정비명령
정비명령은 검사에 불합격한 해당 건설기계 소유자에게 하며, 정비명령 기간은 6개월 이내이다.

10) 건설기계 구조변경

① 건설기계의 구조변경 범위
- 원동기의 형식변경
- 동력 전달 장치의 형식변경
- 제동 장치의 형식변경
- 주행장치의 형식변경
- 유압장치의 형식변경
- 조종장치의 형식변경
- 조향 장치의 형식변경
- 작업장치의 형식변경
- 건설기계의 길이 · 너비 · 높이 등의 변경
- 수상 작업용 건설기계의 선체의 형식변경

② 건설기계 구조변경 방법
- 건설기계정비 업소에서 구조 또는 장치의 변경 작업을 한다.
- 구조변경검사는 주요 구조를 변경 또는 개조한 날부터 20일 이내에 신청한다.

11) 건설기계 사후관리

① 건설기계를 판매한 날부터 12개월 동안 무상으로 건설기계의 정비 및 정비에 필요한 부품을 공급하여야 한다.
② 사후관리 기간 내일지라도 취급설명서에 따라 관리하지 아니함으로 인하여 발생한 고장 또는 하자는 유상으로 정비하거나 부품을 공급할 수 있다.
③ 사후관리 기간 내일지라도 정기적으로 교체하여야 하는 부품 또는 소모성 부품에 대하여는 유상으로 공급할 수 있다.
④ 12개월 이내에 건설기계의 주행거리가 20,000km(원동기 및 차동장치의 경우에는 40,000km)를 초과하거나 가동시간이 2,000시간을 초과한 때에는 12개월이 경과한 것으로 본다.

12) 건설기계조종사 면허취소 사유

① 면허취소 사유
- 거짓이나 그 밖의 부정한 방법으로 건설기계조종사 면허를 받은 경우
- 건설기계조종사의 효력정지 기간 중 건설기계를 조종한 경우
- 건설기계조종사 면허의 결격사유에 해당하게 된 경우
  - 건설기계 조종 상의 위험과 장해를 일으킬 수 있는 정신질환자 또는 뇌전증 환자로서 국토교통부령으로 정하는 사람
  - 앞을 보지 못하는 사람, 듣지 못하는 사람, 그 밖에 국토교통부령으로 정하는 장애인
  - 건설기계 조종 상의 위험과 장해를 일으킬 수 있는 마약 · 대마 · 향정신성 의약품 또는 알코올중독자로서 국토교통부령으로 정하는 사람
  - 건설기계조종사 면허가 취소된 날로부터 1년(거짓이나 그 밖의 부정한 방법으로 건설기계조종사 면허를 받은 경우와 건설기계조종사 면허의 효력정지 기간 중에 건설기계를 조종 사유로 취소된 경우에는 2년)이 지나지 아니하였거나 건설기계조종사 면허의 효력정지 처분기간 중에 있는 사람
- 건설기계의 조종 중, 고의 또는 과실로 중대한 사고를 일으킨 경우
- 건설기계면허증을 다른 사람에게 빌려 준 경우
- 술에 취한 상태에서 건설기계를 조종하다가 사고로 사람을 죽게 하거나 다치게 한 경우
- 술에 만취한 상태(혈중 알코올 농도 0.08% 이상)에서 건설기계를 조종한 경우
- 2회 이상 술에 취한 상태에서 건설기계를 조종하여 면허효력정지를 받은 사실이 있는 사람이 다시 술에 취한 상태에서 건설기계를 조종한 경우
- 약물(마약 · 대마 · 향정신성 의약품 및 유해화학물질에 따른 환각물질)을 투여한 상태에서 건설기계를 조종한 경우

② 면허효력정지 기간
- 인명피해를 입힌 경우
  - 사망 1명마다 : 면허효력정지 45일
  - 중상 1명마다 : 면허효력정지 15일
  - 경상 1명마다 : 면허효력정지 5일
- 재산피해 : 피해금액 50만 원 마다 면허효력정지 1일(90일을 넘지 못함)
- 건설기계 조종 중 고의 또는 과실로 가스공급시설을 손괴하거나 가스공급시설의 기능에 장애를 입혀 가스의 공급을 방해한 경우 : 면허효력정지 180일
- 술에 취한 상태(혈중 알코올 농도 0.03% 이상 0.08% 미만)에서 건설기계를 조종한 경우 : 면허효력정지 60일

13) 벌칙

① 2년 이하의 징역 또는 2천만원 이하의 벌금
- 미등록된 건설기계를 사용하거나 운행한 자
- 등록이 말소된 건설기계를 사용하거나 운행한 자
- 시·도지사의 지정을 받지 않고 등록번호표를 제작하거나 등록번호를 새긴 자
  - 건설기계의 주요 구조나 원동기, 동력전달장치, 제동장치 등 주요 장치를 변경 또는 개조한 자
  - 무단 해체한 건설기계를 사용·운행하거나 타인에게 유상·무상으로 양도한 자
  - 제작 결함의 시정 명령을 이행하지 않은 자
- 등록을 하지 않고 건설기계사업을 하거나 거짓으로 등록을 한 자
- 등록이 취소되거나 사업의 전부 또는 일부가 정지된 건설기계사업자로서 계속하여 건설기계 사업을 한 자

② 1년 이하의 징역 또는 1천만원 이하의 벌금
- 거짓이나 그 밖의 부정한 방법으로 등록을 한 자
- 등록번호를 지워 없애거나 그 식별을 곤란하게 한 자
- 구조변경검사 또는 수시검사를 받지 아니한 자
- 형식승인, 형식변경승인 또는 확인검사를 받지 아니하고 건설기계의 제작 등을 한 자
- 정비 또는 자사후관리에 관한 명령을 이행하지 아니한 자
- 내구연한을 초과한 건설기계 또는 건설기계 장치 및 부품을 운행하거나 사용한 자
- 내구연한을 초과한 건설기계 또는 건설기계 장치 및 부품의 운행 또는 사용을 알고도 말리지 아니하거나 운행 또는 사용을 지시한 고용주
- 부품인증을 받지 아니한 건설기계 장치 및 부품을 사용한 자
- 부품인증을 받지 아니한 건설기계 장치 및 부품을 건설기계에 사용하는 것을 알고도 말리지 아니하거나 사용을 지시한 고용주
- 매매용 건설기계를 운행하거나 사용한 자
- 폐기인수 사실을 증명하는 서류의 발급을 거부하거나 거짓으로 발급한 자
- 폐기요청을 받은 건설기계를 폐기하지 아니하거나 등록번호표를 폐기하지 아니한 자
- 건설기계조종사 면허를 받지 아니하고 건설기계를 조종한 자
- 건설기계조종사 면허를 거짓이나 그 밖의 부정한 방법으로 받은 자
- 소형 건설기계의 조종에 관한 교육과정의 이수에 관한 증빙서류를 거짓으로 발급한 자
- 술에 취하거나 마약 등 약물을 투여한 상태에서 건설기계를 조종한 자와 그러한 자가 건설기계를 조종하는 것을 알고도 말리지 아니하거나 건설기계를 조종하도록 지시한 고용주
- 건설기계조종사 면허가 취소되거나 건설기계조종사 면허의 효력정지처분을 받은 후에도 건설기계를 계속하여 조종한 자
- 건설기계를 도로나 타인의 토지에 버려둔 자

③ 300만원 이하의 과태료
- 건설기계임대차 등에 관한 계약서를 작성하지 아니한 자
  - 정기적성검사 또는 수시적성검사를 받지 아니한 자
  - 시설 또는 업무에 관한 보고를 하지 아니하거나 거짓으로 보고한 자
- 소속 공무원의 검사·질문을 거부·방해·기피한 자
- 국토교통부장관, 시·도지사, 시장·군수 또는 구청장 등의 직원 출입을 정당한 사유 없이 거부하거나 방해한 자

④ 100만원 이하의 과태료
- 수출의 이행 여부를 신고하지 아니하거나 폐기 또는 등록을 하지 아니한 자
- 등록번호표를 부착·봉인하지 아니하거나 등록번호를 새기지 않고 건설기계를 운행한자
- 등록번호표를 가리거나 훼손하여 알아보기 곤란하게 한 자 또는 그러한 건설기계를 운행한 자
- 등록번호의 새김명령을 위반한 자
- 건설기계안전기준에 적합하지 아니한 건설기계를 도로에서 운행하거나 운행하게 한 자
  - 조사 또는 자료제출 요구를 거부, 방해, 기피한 자
- 특별한 사정 없이 건설기계임대차 등에 관한 계약과 관련된 자료를 제출하지 아니한 자
- 건설기계사업자의 의무를 위반한 자
- 건설기계조종사의 안전교육을 받지 아니하고 건설기계를 조종한 자

⑤ 50만원 이하의 과태료
- 임시번호표를 붙이지 아니하고 운행한 자
- 등록번호표, 등록사항의 변경신고를 아니하거나 거짓으로 신고한 자
- 등록의 말소 신청 또는 등록말소사유 변경신고를 하지 아니하거나 거짓으로 신고한 자
- 등록번호표를 반납하지 아니한 자
- 정기검사를 받지 아니한 자
- 주택가 주변의 도로·공터 등에 세워 두어 교통소통을 방해하거나 소음 등으로 주민의 조용하고 평온한 생활환경을 침해하는 장소에 건설기계를 세워 둔 자
- 건설기계사업의 등록 신고를 하지 않거나 거짓으로 신고한 자
  - 건설기계사업의 양도, 양수 등의 신고를 하지 않거나 거짓으로 신고한 자

14) 특별표지판 부착 대상 건설기계

① 길이가 16.7m 이상인 경우
② 너비가 2.5m 이상인 경우
③ 최소 회전 반경이 12m 이상인 경우
④ 높이가 4m 이상인 경우
⑤ 총 중량이 40톤 이상인 경우
⑥ 축하중이 10톤 이상인 경우

15) 건설기계의 좌석안전띠 및 조명장치

① 안전띠
- 30km/h 이상의 속도를 낼 수 있는 타이어식 건설기계에는 좌석안전띠를 설치해야 한다.
- 안전띠는 사용자가 쉽게 잠그고 풀 수 있는 구조이어야 한다.
- 안전띠는 「산업표준화법」제15조에 따라 인증을 받은 제품이어야 한다.

② 조명장치
최고속도 15km/h 미만 타이어식 건설기계에 갖추어야 하는 조명장치는 전조등, 후부반사기, 제동등이다.

2 도로교통법

1) 용어의 정의

① 도로에서 일어나는 교통상의 모든 위험과 장해를 방지하고 제거하여 안전하고 원활한 교통을 확보함을 목적으로 한다.

② 도로의 분류
- 도로법에 따른 도로　　　 • 유료도로법에 따른 유료도로
- 농어촌도로 정비법에 따른 농어촌도로
- 그 밖에 현실적으로 불특정 다수의 사람 또는 차마(車馬)가 통행할 수 있도록 공개된 장소로서 안전하고 원활한 교통을 확보할 필요가 있는 장소

③ 횡단보도란 보행자가 도로를 횡단할 수 있도록 안전표지로 표시한 도로의 부분을 말한다.

④ 자동차전용도로란 자동차만 다닐 수 있도록 설치된 도로를 말한다.

⑤ 고속도로란 자동차의 고속 운행에만 사용하기 위하여 지정된 도로를 말한다.

⑥ 서행이란 위험을 느끼고 즉시 정지할 수 있는 느린 속도로 운행하는 것이며, 서행하여야 할 장소는 비탈길의 고갯마루 부근, 도로가 구부러진 부분, 가파른 비탈길의 내리막이다.

⑦ 안전지대라 함은 도로를 횡단하는 보행자나 통행하는 차마의 안전을 위하여 안전표지 등으로 표시된 도로의 부분을 말한다.

⑧ 안전거리란 모든 차의 운전자는 같은 방향으로 가고 있는 앞차의 뒤를 따를 때에는 앞차가 갑자기 정지하게 되는 경우에 그 앞차와의 충돌을 피할 수 있는 필요한 거리를 확보하도록 되어 있는 거리를 말한다.

2) 안전표지의 종류

종류에는 주의표지, 규제표지, 지시표지, 보조표지, 노면표시 등이 있다.

3) 신호 또는 지시에 따를 의무

신호기나 안전표지가 표시하는 신호 또는 지시와 교통정리를 위한 경찰공무원 등의 신호나 지시가 다른 때에는 경찰공무원 등의 신호 또는 지시에 따라야 한다.

4) 이상기후일 경우의 운행속도

도로의 상태	감속운행속도
① 비가 내려 노면에 습기가 있는 때 ② 눈이 20mm 미만 쌓인 때	최고속도의 20/100
① 폭우 · 폭설 · 안개 등으로 가시거리가 100m 이내인 때 ② 노면이 얼어붙는 때 ③ 눈이 20mm 이상 쌓인 때	최고속도의 50/100

5) 앞지르기 금지

① 앞지르기 금지
- 앞차의 좌측에 다른 차가 앞차와 나란히 가고 있을 때
- 앞차가 다른 차를 앞지르고 있거나 앞지르고자 할 때
- 앞차가 좌측으로 방향을 바꾸기 위하여 진로 변경하는 경우 및 반대 방향에서 오는 차의 진행을 방해하게 될 때

② 앞지르지 금지장소

교차로, 터널 안, 다리 위, 도로의 구부러진 곳, 비탈길의 고갯마루 부근, 가파른 비탈길의 내리막 등이다.

③ 차마 서로 간의 통행 우선순위

긴급자동차 → 긴급자동차 외의 자동차 → 원동기장치자전거 → 자동차 및 원동기장치 자전거 외의 차마

6) 정차 및 주차 금지

① 주 · 정차 금지장소
- 교차로 · 횡단보도 · 건널목이나 보도와 차도가 구분된 도로의 보도(노상주차장 제외)
- 교차로의 가장자리나 도로의 모퉁이로부터 5미터 이내인 곳
- 안전지대가 설치된 도로에서는 그 안전지대의 사방으로부터 각각 10미터 이내인 곳
- 버스여객자동차의 정류지(停留地)임을 표시하는 기둥이나 표지판 또는 선이 설치된 곳으로부터 10미터 이내인 곳
- 건널목의 가장자리 또는 횡단보도로부터 10미터 이내인 곳
- 다음 각 목의 곳으로부터 5미터 이내인 곳
  - 소방용수시설 또는 비상소화장치가 설치된 곳
  - 소방시설로서 대통령령으로 정하는 시설이 설치된 곳
- 지방경찰청장이 도로에서의 위험을 방지하고 교통의 안전과 원활한 소통을 확보하기 위하여 필요하다고 인정하여 지정한 곳

② 주차금지 장소
- 터널 안 및 다리 위
- 다음 각 목의 곳으로부터 5미터 이내인 곳
  - 도로공사를 하고 있는 경우에는 그 공사 구역의 양쪽 가장자리
  - 다중이용업소의 영업장이 속한 건축물로 소방본부장의 요청에 의하여 지방경찰청장이 지정한 곳
- 지방경찰청장이 도로에서의 위험을 방지하고 교통의 안전과 원활한 소통을 확보하기 위하여 필요하다고 인정하여 지정한 곳

③ 고속도로에서의 속도
- 모든 고속도로에서 건설기계의 법정 최고속도는 80km/h이고, 최저속도는 50km/h이다.
- 지정고시한 노선 또는 구간의 고속도로에서 건설기계의 최고속도는 90km/h이다.

7) 교통사고 발생 후 벌점

① 사망 1명마다 90점(사고 발생으로부터 72시간 내에 사망한 때)

② 중상 1명마다 15점(3주 이상의 치료를 요하는 의사의 진단이 있는 사고)

③ 경상 1명마다 5점(3주 미만 5일 이상의 치료를 요하는 의사의 진단이 있는 사고)

④ 부상신고 1명마다 2점(5일 미만의 치료를 요하는 의사의 진단이 있는 사고)

8) 운전 중 휴대전화 사용이 가능한 경우

① 자동차 등 또는 노면전차가 정지해 있는 경우

② 긴급자동차를 운전하는 경우

③ 각종 범죄 및 재해신고 등 긴급을 요하는 경우

④ 안전운전에 지장을 주지 않는 장치로 대통령령이 정하는 장치를 이용하는 경우

9) 도로명주소 문제 출제 관련

① 2014년 도로명주소 전면사용 이후, 도로명 중심으로 위치를 안내하는 시설물(도로표지판, 도로명판 등) 설치가 확대됨에 따라 도로를 운행하는 굴착기, 지게차 등의 운전자가 도로명 안내시설을 이용하여 목적지를 빠르고 정확하게 찾아갈 수 있도록 함은 물론, 각종 도로교통 안전사고 예방을 위하여 굴착기, 지게차 등 자격시험에 도로명주소 관련 문제가 2016년 하반기부터 출제되고 있다.

② 도로명주소 문제와 관련한 참고교재 다운로드
- 도로명주소 안내 홈페이지(www.juso.go.kr)

1 건설기계관리법의 입법 목적에 해당되지 않는 것은?

① 건설기계의 효율적인 관리를 하기 위함
② 건설기계 안전도 확보를 위함
③ 건설기계의 규제 및 통제를 하기 위함
④ 건설공사의 기계화를 촉진함

2 건설기계관리법령상 건설기계의 범위로 옳은 것은?

① 덤프트럭 : 적재용량 10톤 이상인 것
② 기중기 : 무한궤도식으로 레일식인 것
③ 불도저 : 무한궤도식 또는 타이어식인 것
④ 공기압축기 : 공기토출량이 매분당 10m³ 이상의 이동식인 것

⊕ 해설

건설기계의 범위
• 덤프트럭 : 적재용량 12톤 이상인 것, 다만 적재용량 12톤 이상 20톤 미만의 것으로 화물운송에 사용하기 위하여 자동차관리법에 의한 자동차로 등록된 것을 제외한다.
• 기중기 : 무한궤도 또는 타이어식으로 강재의 지주 및 선회장치를 가진 것, 다만 궤도(레일)식은 제외한다.
• 공기압축기 : 공기토출량이 매분 당 2.83m³(매 cm³당 7kgf 기준) 이상의 이동식인 것

3 건설기계관리법상 건설기계의 등록신청은 누구에게 하여야 하는가?

① 사용본거지를 관할하는 시·군·구청장
② 사용본거지를 관할하는 시·도지사
③ 사용본거지를 관할하는 검사대행장
④ 사용본거지를 관할하는 경찰서장

⊕ 해설

건설기계 등록신청은 소유자의 주소지 또는 건설기계 사용 본거지를 관할하는 시·도지사에게 한다.

4 국가비상사태가 아닐 때 건설기계 등록신청은 건설기계관리법령상 건설기계를 취득한 날로부터 얼마의 기간 이내에 하여야 되는가?

① 5일
② 15일
③ 1월
④ 2월

⊕ 해설

건설기계 등록신청은 건설기계를 취득한 날로부터 2개월(60일) 이내에 하여야 한다.

5 건설기계의 수급조절을 위하여 필요한 경우 건설기계 수급조절위원회의 심의를 거친 후 사업용 건설기계의 등록을 2년 이내의 범위에서 일정 기간 제한할 수 있다. 건설기계 수급계획을 마련할 때 반영하는 사항과 가장 거리가 먼 것은?

① 건설 경기(景氣)의 동향과 전망
② 건설기계 대여 시장의 동향과 전망

③ 건설기계의 등록 및 가동률 추이
④ 건설기계 수출 시장의 추세

⊕ 해설

건설기계 수급계획을 마련할 때 반영하는 사항
• 건설 경기(景氣)의 동향과 전망
• 건설기계의 등록 및 가동률 추이
• 건설기계 대여 시장의 동향 및 전망
• 그 밖에 대통령령으로 정하는 사항으로서 건설기계 수급계획 수립에 필요한 사항

6 건설기계의 소유자는 건설기계 등록사항에 변경이 있을 때(전시, 사변 기타 이에 준하는 비상사태 및 상속 시의 경우는 제외)에는 등록사항의 변경신고를 변경이 있는 날부터 며칠 이내에 하여야 하는가?

① 10일
② 15일
③ 20일
④ 30일

⊕ 해설

건설기계의 소유자는 건설기계 등록사항에 변경(주소지 또는 사용본거지가 변경된 경우를 제외한다.)이 있는 때에는 그 변경이 있는 날부터 30일(상속의 경우에는 상속개시일부터 3개월) 이내에 시·도지사에게 제출하여야 한다.

7 건설기계 등록사항의 변경 또는 등록이전 신고 대상이 아닌 것은?

① 소유자 변경
② 소유자의 주소지 변경
③ 건설기계 소재지 변동
④ 건설기계의 사용본거지 변경

8 건설기계에서 등록의 갱정은 어느 때 하는가?

① 등록을 행한 후에 그 등록에 관하여 착오 또는 누락이 있음을 발견한 때
② 등록을 행한 후에 소유권이 이전되었을 때
③ 등록을 행한 후에 등록지가 이전되었을 때
④ 등록을 행한 후에 소재지가 변동되었을 때

⊕ 해설

등록의 갱정은 등록을 행한 후에 그 등록에 관하여 착오 또는 누락이 있음을 발견했을 때 한다.

9 건설기계관리법령상 시·도지사는 건설기계 등록원부를 건설기계의 등록을 말소한 날부터 몇 년간 보존하여야 하는가?

① 3
② 5
③ 7
④ 10

⊕ 해설

건설기계 등록원부는 건설기계의 등록을 말소한 날부터 10년간 보존하여야 한다.

🚜 정답 1 ③ 2 ③ 3 ② 4 ④ 5 ④ 6 ④ 7 ③ 8 ① 9 ④

10 건설기계사업을 영위하고자 하는 자는 누구에게 등록하여야 하는가?

① 시장 · 군수 · 구청장
② 전문 건설기계정비업자
③ 국토교통부장관
④ 건설기계 해체재활용업자

해설
건설기계사업을 영위하고자 하는 자는 특별자치시장 · 특별자치도지사 · 시장 · 군수 또는 자치구의 구청장(시장 · 군수 · 구청장)에게 등록하여야 한다.

11 건설기계 폐기 인수증명서는 누가 교부하는가?

① 시 · 도지사
② 국토교통부장관
③ 시장, 군수
④ 건설기계 해체재활용업자

해설
건설기계 폐기 인수증명서는 해체재활용업자가 교부한다.

12 건설기계 매매업의 등록을 하고자 하는 자의 구비서류로 맞는 것은?

① 건설기계 매매업 등록필증
② 건설기계 보험증서
③ 건설기계 등록증
④ 5천만 원 이상의 하자 보증금 예치증서 또는 보증보험증서

해설
매매업의 등록을 하고자 하는 자의 구비서류
• 사무실의 소유권 또는 사용권이 있음을 증명하는 서류
• 주기장소재지를 관할하는 시장 · 군수 · 구청장이 발급한 주기장시설보유 확인서
• 5천만 원 이상의 하자보증금예치증서 또는 보증보험증서

13 건설기계를 조종할 때 적용받는 법령에 대한 설명으로 가장 적합한 것은?

① 건설기계 관리법에 대한 적용만 받는다.
② 건설기계 관리법 외에 도로상을 운행할 때에는 도로교통법 중 일부를 적용 받는다.
③ 건설기계 관리법 및 자동차 관리법의 전체 적용을 받는다.
④ 도로교통법에 대한 적용만 받는다.

해설
건설기계를 조종할 때에는 건설기계 관리법 외에 도로상을 운행할 때에는 도로교통법 중 일부를 적용 받는다.

14 건설기계 조종사는 주소, 주민등록번호 및 국적의 변경이 있는 경우에는 주소지를 관할하는 시 · 도지사에게 그 사실이 발생한 날부터 며칠 이내에 변경신고서를 제출하여야 하는가?

① 30일
② 15일
③ 45일
④ 10일

해설
건설기계 조종사는 성명, 주민등록번호 및 국적의 변경이 있는 경우에는 그 사실이 발생한 날부터 30일 이내(군복무 · 국외거주 · 수형 · 질병 기타 부득이한 사유가 있는 경우에는 그 사유가 종료된 날부터 30일 이내)에 기재사항 변경신고서를 주소지를 관할하는 시 · 도지사에게 제출하여야 한다.

15 자동차 1종 대형면허로 조종할 수 없는 건설기계는?

① 아스팔트 피니셔
② 콘크리트 믹서 트럭
③ 아스팔트 살포기
④ 덤프트럭

해설
제1종 대형 운전면허로 조종할 수 있는 건설기계는 덤프트럭, 아스팔트 살포기, 노상 안정기, 콘크리트 믹서 트럭, 콘크리트 펌프, 트럭적재식 천공기 등이다.

16 건설기계관리법령상 소형건설기계에 포함되지 않는 것은?

① 쇄석기
② 준설선
③ 천공기(5톤 이상)
④ 공기압축기

해설
소형건설기계의 종류
5톤 미만의 불도저, 3톤 미만의 굴착기, 3톤 미만의 로더, 5톤 미만의 로더, 3톤 미만의 지게차, 이동식 콘크리트 펌프, 쇄석기, 공기압축기, 5톤 미만의 천공기(트럭적재식은 제외), 준설선, 3톤 미만의 타워크레인

17 건설기계 조종사의 적성검사 기준으로 가장 거리가 먼 것은?

① 두 눈을 동시에 뜨고 잰 시력이 0.7 이상이고, 두 눈의 시력이 각각 0.3 이상일 것
② 시각은 150° 이상일 것
③ 언어분별력이 80% 이상일 것
④ 교정시력의 경우는 시력이 2.0 이상일 것

해설
두 눈을 동시에 뜨고 잰 시력(교정시력을 포함한다.)이 0.7 이상이고 두 눈의 시력이 각각 0.3 이상일 것

18 건설기계 등록번호표에 표시되지 않는 것은?

① 기종
② 등록관청
③ 용도
④ 년식

해설
건설기계 등록번호표에는 기종, 등록관청, 등록번호, 용도 등이 표시된다.

19 건설기계등록번호표에 대한 설명으로 틀린 것은?

① 모든 번호표의 규격은 동일하다.
② 재질은 철판 또는 알루미늄 판이 사용된다.
③ 굴착기일 경우 기종별 기호표시는 02로 한다.
④ 번호표에 표시되는 문자 및 외곽선은 1.5mm 튀어나와야 한다.

해설
건설기계등록번호표의 규격은 가로520mm × 세로110mm × 두께1mm로 동일하고 재질은 알루미늄 제판이다. 건설기계 종류에 따른 기종번호는 불도저(01), 굴착기(02), 로더(03), 지게차(04), 스크레이퍼(05), 덤프트럭(06), 기중기(07), 모터그레이더(08), 롤러(09), 등이 있다. – 건설기계등록번호표의 규격 · 재질 및 표시방법 제13조제3항 관련 [별표 2]

20 영업용 건설기계 등록번호표의 색칠로 맞는 것은?

① 흰색 판에 검은색 문자
② 녹색 판에 흰색 문자
③ 청색 판에 흰색 문자
④ 주황색 판에 흰색 문자

21 건설기계 등록번호표의 봉인이 떨어졌을 경우에 조치방법으로 올바른 것은?

① 운전자가 즉시 수리한다.
② 관할 시 · 도지사에게 봉인을 신청한다.
③ 관할 검사소에 봉인을 신청한다.
④ 가까운 카센터에서 신속하게 봉인한다.

● 해설
건설기계 등록번호표의 봉인이 떨어졌을 경우에는 관할 시 · 도지사에게 봉인을 신청한다.

22 다음 중 영업용 굴착기를 나타내는 등록번호표는?

① 서울 02-6091　　② 인천 04-9589
③ 세종 07-2536　　④ 부산 07-4895

23 건설기계 소유자가 관련법에 의하여 등록번호표를 반납하고자 할 때에는 누구에게 해야 하는가?

① 국토교통부 장관　　② 구청장
③ 시 · 도지사　　④ 동장

● 해설
건설기계 등록번호표는 10일 이내에 시 · 도지사에게 반납하여야 한다.

24 정기 검사대상 건설기계의 정기검사 신청기간으로 옳은 것은?

① 건설기계의 정기검사 유효기간 만료일 전후 45일 이내에 신청한다.
② 건설기계의 정기검사 유효기간 만료일 전 90일 이내에 신청한다.
③ 건설기계의 정기검사 유효기간 만료일 전후 각각 30일 이내에 신청한다.
④ 건설기계의 정기검사 유효기간 만료일 후 60일 이내에 신청한다.

● 해설
정기 검사대상 건설기계의 정기검사 신청기간은 건설기계의 정기검사 유효기간 만료일 전후 각각 30일 이내에 신청한다.

25 건설기계 정기검사 신청기간 내에 정기검사를 받은 경우 정기검사의 유효기간 시작 일을 바르게 설명한 것은?

① 유효기간에 관계없이 검사를 받은 다음 날부터
② 유효기간 내에 검사를 받은 것은 유효기간 만료일부터
③ 유효기간 내에 검사를 받은 것은 종전 검사 유효기간 만료일 다음 날부터
④ 유효기간에 관계없이 검사를 받은 날부터

● 해설
건설기계 정기검사 신청기간 내에 정기검사를 받은 경우 다음 정기검사 유효기간의 산정은 종전 검사 유효기간 만료일의 다음 날부터 기산한다.

26 정기검사 유효기간을 1개월 경과한 후에 정기검사를 받은 경우 다음 정기검사 유효기간 산정 기산일은?

① 검사를 받은 날의 다음날부터
② 검사를 신청한 날부터
③ 종전 검사 유효기간 만료일의 다음날부터
④ 종전 검사 신청기간 만료일의 다음날부터

● 해설
정기검사 유효기간을 1개월 경과한 후에 정기검사를 받은 경우 다음 정기검사 유효기간 산정 기산일은 검사를 받은 날의 다음날부터이다.

27 시 · 도지사는 정기검사를 받지 아니한 건설기계의 소유자에게 유효기간이 끝난 날부터 (㉠) 이내에 국토교통부령으로 정하는 바에 따라 (㉡) 이내의 기한을 정하여 정기검사를 받을 것을 최고하여야 한다. (㉠), (㉡)안에 들어갈 말은?

① ㉠ 1개월　　㉡ 3일
② ㉠ 3개월　　㉡ 10일
③ ㉠ 6개월　　㉡ 30일
④ ㉠ 12개월　　㉡ 60일

● 해설
시 · 도지사는 정기검사를 받지 아니한 건설기계의 소유자에게 유효기간이 끝난 날부터 3개월 이내에 국토교통부령으로 정하는 바에 따라 10일 이내의 기한을 정하여 정기검사를 받을 것을 최고하여야 한다.

28 건설기계의 출장검사가 허용되는 경우가 아닌 것은?

① 도서지역에 있는 건설기계
② 너비가 2.0m를 초과하는 건설기계
③ 최고속도가 시간당 35km 미만인 건설기계
④ 자체중량이 40톤을 초과하거나 축중이 10톤을 초과하는 건설기계

● 해설
출장검사를 받을 수 있는 경우
- 도서지역에 있는 경우
- 자체중량이 40톤 이상 또는 축중이 10톤 이상인 경우
- 너비가 2.5m 이상인 경우
- 최고속도가 시간당 35km 미만인 경우

29 건설기계관리법령상 정기검사 유효기간이 3년인 건설기계는?

① 덤프트럭
② 콘크리트 믹서 트럭
③ 트럭적재식 콘크리트펌프
④ 무한궤도식 굴착기

● 해설
정기검사 유효기간이 3년인 건설기계는 무한궤도식 굴착기이다.

30 건설기계의 정비명령은 누구에게 해야 하는가?

① 해당기계 운전자
② 해당기계 검사업자
③ 해당기계 정비업자
④ 해당기계 소유자

● 해설
정비명령은 검사에 불합격한 해당 건설기계 소유자에게 한다.

31 건설기계 장비의 제동 장치에 대한 정기검사를 면제 받고자 하는 경우 첨부하여야 하는 서류는?

① 건설기계 매매업 신고서
② 건설기계 대여업 신고서
③ 건설기계 제동 장치 정비확인서
④ 건설기계 해체재활용업 신고서

32 건설기계 정비업의 업종 구분에 해당하지 않는 것은?

① 종합건설 기계정비업
② 부분건설 기계정비업
③ 전문건설 기계정비업
④ 특수건설 기계정비업

⊕ 해설
건설기계 정비업의 구분에는 종합건설 기계정비업, 부분건설 기계정비업, 전문 건설 기계정비업 등이 있다.

33 건설기계 소유자가 정비 업소에 건설기계 정비를 의뢰한 후 정비업자로부터 정비완료 통보를 받고 며칠 이내에 찾아가지 않을 때 보관, 관리비용을 지불하는가?

① 5일 ② 10일
③ 15일 ④ 20일

⊕ 해설
건설기계 소유자가 정비 업소에 건설기계 정비를 의뢰한 후 정비업자로부터 정비완료 통보를 받고 5일 이내에 찾아가지 않을 때 보관 · 관리비용을 지불하여야 한다.

34 건설기계의 형식에 관한 승인을 얻고나 그 형식을 신고한 자의 사후관리 사항으로 틀린 것은?

① 건설기계를 판매한 날부터 12개월 동안 무상으로 건설기계의 정비 및 정비에 필요한 부품을 공급하여야 한다.
② 사후관리 기간 내일지라도 취급설명서에 따라 관리하지 아니함으로 인하여 발생한 고장 또는 하자는 유상으로 정비하거나 부품을 공급할 수 있다.
③ 사후관리 기간 내일지라도 정기적으로 교체하여야 하는 부품 또는 소모성 부품에 대하여는 유상으로 공급할 수 있다.
④ 주행거리가 2만km를 초과하거나 가동시간이 2천 시간을 초과하여도 12개월 이내면 무상으로 사후관리 하여야 한다.

⊕ 해설
12개월 이내에 건설기계의 주행거리가 20,000km(원동기 및 차동장치의 경우에는 40,000km)를 초과하거나 가동시간이 2,000시간을 초과한 때에는 12개월이 경과한 것으로 본다.

35 건설기계관리법 상 건설기계 형식에 관한 승인을 얻거나 그 형식을 신고한 자(제작자 등)는 당사자 간에 별도의 계약이 없는 경우에 건설기계를 판매한 날로부터 몇 개월 동안 무상으로 건설기계를 정비해줘야 하는가?

① 6개월 ② 12개월
③ 24개월 ④ 36개월

36 건설기계 운전면허의 효력정지 사유가 발생한 경우, 건설기계관리법상 효력정지 기간으로 옳은 것은?

① 1년 이내
② 6개월 이내
③ 5년 이내
④ 3년 이내

⊕ 해설
건설기계 운전면허의 효력정지 사유가 발생한 경우, 건설기계관리법상 효력정지 기간은 1년 이내이다.

37 건설기계의 조종 중 과실로 사망 1명의 인명피해를 입힐 때 조종사면허 처분기준은?

① 면허취소
② 면허효력정지 60일
③ 면허효력정지 45일
④ 면허효력정지 30일

⊕ 해설
인명 피해에 따른 면허정지 기간
• 사망 1명마다 : 면허효력정지 45일
• 중상 1명마다 : 면허효력정지 15일
• 경상 1명마다 : 면허효력정지 5일

38 등록되지 아니하거나 등록 말소된 건설기계를 사용한 자에 대한 벌칙은?

① 100만 원 이하 벌금
② 300만 원 이하 벌금
③ 1년 이하의 징역 또는 1천만 원 이하 벌금
④ 2년 이하의 징역 또는 2천만 원 이하 벌금

⊕ 해설
미등록 또는 등록 말소된 건설기계를 사용하거나 운행한 자에 대한 벌칙 : 2년 이하의 징역 또는 2천만 원 이하의 벌금

39 건설기계관리법령상 건설기계 조종사 면허를 받지 않고 건설기계를 조종한 자에 대한 벌칙은?

① 3년 이하의 징역 또는 3천만 원 이하의 벌금
② 2년 이하의 징역 또는 2천만 원 이하의 벌금
③ 1년 이하의 징역 또는 1천만 원 이하의 벌금
④ 1년 이하의 징역 또는 500만 원 이하의 벌금

⊕ 해설
건설기계 조종사면허를 받지 않고 건설기계를 조종한 자에 대한 벌칙 : 1년 이하의 징역 또는 1천만 원 이하의 벌금

40 건설기계관리법령상 건설기계의 소유자가 건설기계를 도로나 타인의 토지에 계속 버려두어 방치한 자에 대해 적용하는 벌칙은?

① 1천만 원 이하의 벌금
② 2천만 원 이하의 벌금
③ 1년 이하의 징역 또는 1천만 원 이하의 벌금
④ 2년 이하의 징역 또는 2천만 원 이하의 벌금

⊕ 해설
건설기계를 도로나 타인의 토지에 버려둔 자에 대한 벌칙 : 1년 이하의 징역 또는 1천만 원 이하의 벌금

정답 31 ③ 32 ④ 33 ① 34 ④ 35 ② 36 ① 37 ③ 38 ④ 39 ③ 40 ③

41 폐기요청을 받은 건설기계를 폐기하지 아니하거나 등록번호표를 폐기하지 아니한 자에 대한 벌칙은?

① 2년 이하의 징역 또는 1천만 원 이하의 벌금
② 1년 이하의 징역 또는 1천만 원 이하의 벌금
③ 2백만 원 이하의 벌금
④ 1백만 원 이하의 벌금

해설
폐기요청을 받은 건설기계를 폐기하지 아니하거나 등록번호표를 폐기하지 아니한 자에 대한 벌칙 : 1년 이하의 징역 또는 1천만 원 이하의 벌금

42 등록번호의 새김 명령을 받았음에도 불구하고, 건설기계 소유자가 이 명령을 이행하지 않았을 때의 벌칙은?

① 500만 원 이하의 벌금   ② 1천만 원 이하의 벌금
③ 300만 원 이하의 벌금   ④ 100만 원 이하의 벌금

해설
등록번호의 새김 명령을 위반한 자에 대한 벌칙 : 100만 원 이하의 벌금

43 과태료처분에 대하여 불복이 있는 자는 그 처분의 고지를 받은 날로부터 며칠 이내에 이의를 제기하여야 하는가?

① 5일   ② 10일
③ 20일   ④ 30일

해설
과태료처분에 대하여 불복이 있는 자는 그 처분의 고지를 받은 날로부터 30일 이내에 이의를 제기하여야 한다.

44 대형 건설기계의 특별표지 중 경고표지판 부착 위치는?

① 작업인부가 쉽게 볼 수 있는 곳
② 조종실 내부의 조종사가 보기 쉬운 곳
③ 교통경찰이 쉽게 볼 수 있는 곳
④ 특별 번호판 옆

해설
경고표지판은 조종실 내부의 조종사가 보기 쉬운 곳에 부착한다.

45 타이어식 굴착기의 최고속도가 최소 몇 km/h 이상일 경우에 조종석 안전띠를 갖추어야 하는가?

① 30km/h   ② 40km/h
③ 50km/h   ④ 60km/h

해설
30km/h 이상의 속도를 낼 수 있는 타이어식 건설기계에는 좌석안전띠를 설치해야 한다.

46 건설기계 안전기준에 관한 규칙상 건설기계 높이의 정의로 옳은 것은?

① 앞 차축의 중심에서 건설기계의 가장 윗부분까지의 최단거리
② 작업 장치를 부착한 자체중량 상태의 건설기계의 가장 위쪽 끝이 만드는 수평면으로부터 지면까지의 최단거리
③ 뒷바퀴의 윗부분에서 건설기계의 가장 윗부분까지의 수직 최단거리
④ 지면에서부터 적재할 수 있는 최고의 최단거리

해설
건설기계 높이는 작업 장치를 부착한 자체중량 상태에서 건설기계의 가장 위쪽 끝이 만드는 수평면으로부터 지면까지의 최단거리이다.

47 도로교통법의 제정 목적을 바르게 나타낸 것은?

① 도로 운송사업의 발전과 운전자들의 권익보호
② 도로 상의 교통사고로 인한 신속한 피해회복과 편익증진
③ 건설기계의 제작, 등록, 판매, 관리 등의 안전 확보
④ 도로에서 일어나는 교통상의 모든 위험과 장해를 방지하고 제거하여 안전하고 원활한 교통을 확보

해설
도로교통법의 제정 목적은 도로에서 일어나는 교통상의 모든 위험과 장해를 방지하고 제거하여 안전하고 원활한 교통을 확보함에 있다.

48 자동차전용도로의 정의로 가장 적합한 것은?

① 자동차만 다닐 수 있도록 설치된 도로
② 보도와 차도의 구분이 없는 도로
③ 보도와 차도의 구분이 있는 도로
④ 자동차 고속주행의 교통에만 이용되는 도로

해설
자동차전용도로란 자동차만 다닐 수 있도록 설치된 도로를 말한다.

49 도로교통법에서 안전지대의 정의에 관한 설명으로 옳은 것은?

① 버스정류장 표지가 있는 장소
② 자동차가 주차할 수 있도록 설치된 장소
③ 도로를 횡단하는 보행자나 통행하는 차마의 안전을 위하여 안전표지 등으로 표시된 도로의 부분
④ 사고가 잦은 장소에 보행자의 안전을 위하여 설치한 장소

해설
안전지대라 함은 도로를 횡단하는 보행자나 통행하는 차마의 안전을 위하여 안전표지 등으로 표시된 도로의 부분을 말한다.

50 도로교통법상 정차의 정의에 해당하는 것은?

① 차가 10분을 초과하여 정지
② 운전자가 5분을 초과하지 않고 차를 정지시키는 것으로 주차 외의 정지 상태
③ 차가 화물을 싣기 위하여 계속 정지
④ 운전자가 식사하기 위하여 차고에 세워둔 것

해설
정차란 운전자가 5분을 초과하지 않고 차를 정지시키는 것으로 주차 외의 정지 상태를 말한다.

51 도로교통법상 건설기계를 운전하여 도로를 주행할 때 서행에 대한 정의로 옳은 것은?

① 매시 60km 미만의 속도로 주행하는 것을 말한다.
② 운전자가 차를 즉시 정지시킬 수 있는 느린 속도로 진행하는 것을 말한다.
③ 정지거리 10m 이내에서 정지할 수 있는 경우를 말한다.
④ 매시 20km 이내로 주행하는 것을 말한다.

해설
서행(徐行)이란 운전자가 차를 즉시 정지시킬 수 있는 정도의 느린 속도로 진행하는 것을 말한다.

정답 41 ②   42 ④   43 ④   44 ②   45 ①   46 ②   47 ④   48 ①   49 ③   50 ②   51 ②

52 도로교통법상 차로에 대한 설명으로 틀린 것은?

① 차로는 횡단보도나 교차로에는 설치할 수 없다.
② 차로의 너비는 원칙적으로 3m 이상으로 하여야 한다.
③ 일반적인 차로(일방통행도로 제외)의 순위는 도로의 중앙선 쪽에 있는 차로부터 1차로로 한다.
④ 차로의 너비보다 넓은 건설기계는 별도의 신청절차가 필요 없이 경찰청에 전화로 통보만 하면 운행할 수 있다.

53 도로교통법상 서행 또는 일시 정지할 장소로 지정된 곳은?

① 교량 위
② 좌우를 확인할 수 있는 교차로
③ 가파른 비탈길의 내리막
④ 안전지대 우측

🔴 해설
서행하여야 할 장소
• 교통정리를 하고 있지 아니하는 교차로
• 도로가 구부러진 부근
• 비탈길의 고갯마루 부근
• 가파른 비탈길의 내리막
• 지방경찰청장이 안전표지로 지정한 곳

54 다음 그림의 교통안전표지는 무엇인가?

① 차간거리 최저 50m이다.
② 차간거리 최고 50m이다.
③ 최저속도 제한표지이다.
④ 최고속도 제한표지이다.

55 그림과 같은 교통안전표지의 뜻은?

① 좌합류도로가 있음을 알리는 것
② 좌로 굽은 도로가 있음을 알리는 것
③ 우합류도로가 있음을 알리는 것
④ 철길건널목이 있음을 알리는 것

56 일시정지 안전표지판이 설치된 횡단보도에서 위반되는 것은?

① 경찰공무원이 진행신호를 하여 일시정지 하지 않고 통과하였다.
② 횡단보도 직전에 일시정지하여 안전을 확인한 후 통과하였다.
③ 보행자가 보이지 않아 그대로 통과하였다.
④ 연속적으로 진행 중인 앞차의 뒤를 따라 진행할 때 일시 정지하였다.

🔴 해설
일시정지 안전표지판이 설치된 횡단보도에서는 보행자가 없어도 일시정지 후 통과하여야 한다.

57 신호등에 녹색 등화 시 차마의 통행방법으로 틀린 것은?

① 차마는 다른 교통에 방해되지 않을 때에 천천히 우회전 할 수 있다.
② 차마는 직진할 수 있다.
③ 차마는 비보호 좌회전 표시가 있는 곳에서는 언제든지 좌회전을 할 수 있다.
④ 차마는 좌회전을 하여서는 아니 된다.

🔴 해설
비보호 좌회전 표시지역에서는 녹색 등화에서만 좌회전을 할 수 있다.

58 좌회전을 하기 위하여 교차로에 진입되어 있을 때 황색 등화로 바뀌면 어떻게 하여야 하는가?

① 정지하여 정지선으로 후진한다.
② 그 자리에 정지하여야 한다.
③ 신속히 좌회전하여 교차로 밖으로 진행한다.
④ 좌회전을 중단하고 횡단보도 앞 정지선까지 후진하여야 한다.

59 다음 (   )안에 들어갈 알맞은 말은?

> "도로를 통행하는 차마의 운전자는 교통안전시설이 표시하는 신호 또는 지시와 교통정리를 위한 경찰공무원 등의 신호 또는 지시가 다른 경우, (A)의 (B)에 따라야 한다.

① A – 운전자, B – 판단
② A – 교통안전시설, B – 신호 또는 지시
③ A – 경찰공무원, B – 신호 또는 지시
④ A – 교통신호, B – 신호

60 고속도로를 제외한 도로에서 위험을 방지하고 교통의 안전과 원활한 소통을 확보하기 위하여 필요 시 구역 또는 구간을 지정하여 자동차의 속도를 제한할 수 있는 자는?

① 경찰청장
② 국토교통부 장관
③ 지방경찰청장
④ 도로교통공단 이사장

🔴 해설
지방경찰청장은 도로에서 위험을 방지하고 교통의 안전과 원활한 소통을 확보하기 위하여 필요하다고 인정하는 때에 구역 또는 구간을 지정하여 자동차의 속도를 제한할 수 있다.

61 도로교통법에서는 교차로, 터널 안, 다리 위 등을 앞지르기 금지 장소로 규정하고 있다. 그 외 앞지르기 금지 장소를 다음 [보기]에서 모두 고르면?

[보기]
A. 도로의 구부러진 곳　　　B. 비탈길의 고갯마루 부근
C. 가파른 비탈길의 내리막

① A
② A, B
③ B, C
④ A, B, C

🔴 해설
앞지르기 금지장소 : 교차로, 도로의 구부러진 곳, 터널 내, 경사로의 정상 부근, 급경사로의 내리막, 앞지르기 금지표지 설치장소

62 도로교통법에 따라 뒤차에게 앞지르기를 시킬 때 적절한 신호방법은?

① 오른팔 또는 왼팔을 차체의 왼쪽 또는 오른쪽 밖으로 수평으로 펴서 손을 앞, 뒤로 흔들 것

② 팔을 차체 밖으로 내어 45도 밑으로 펴서 손바닥을 뒤로 향하게 하여 그 팔을 앞, 뒤로 흔들거나 후진등을 켤 것

③ 팔을 차체 밖으로 내어 45도 밑으로 펴거나 제동등을 켤 것

④ 양팔을 모두 차체의 밖으로 내어 크게 흔들 것

해설
뒤차에게 앞지르기를 시키려는 때에는 오른팔 또는 왼팔을 차체의 왼쪽 또는 오른쪽 밖으로 수평으로 펴서 손을 앞, 뒤로 흔들 것

63 차로의 순위(일방통행 도로는 제외)는?

① 도로의 중앙 좌측으로부터 1차로로 한다.

② 도로의 중앙선으로부터 1차로로 한다.

③ 도로의 우측으로부터 1차로로 한다.

④ 도로의 좌측으로부터 1차로로 한다.

64 도로교통 관련법상 차마의 통행을 구분하기 위한 중앙선에 대한 설명으로 옳은 것은?

① 백색 실선 또는 황색 점선으로 되어있다.

② 백색 실선 또는 백색 점선으로 되어있다.

③ 황색 실선 또는 황색 점선으로 되어있다.

④ 황색 실선 또는 백색 점선으로 되어있다.

해설
노면 표시의 중앙선은 황색의 실선 및 점선으로 되어있다.

65 교통정리가 행해지고 있지 않은 교차로에서 차량이 동시에 교차로에 진입한 때의 우선순위로 옳은 것은?

① 소형 차량이 우선한다.

② 우측도로의 차가 우선한다.

③ 좌측도로의 차가 우선한다.

④ 중량이 큰 차량이 우선한다.

해설
교통정리가 행해지고 있지 않은 교차로에서 차량이 동시에 교차로에 진입한 때에는 우측도로의 차가 우선한다.

66 신호등이 없는 교차로에 좌회전하려는 버스와 그 교차로에 진입하여 직진하고 있는 건설기계가 있을 때 어느 차가 우선권이 있는가?

① 직진하고 있는 건설기계가 우선

② 좌회전하려는 버스가 우선

③ 사람이 많이 탄 차가 우선

④ 형편에 따라서 우선순위가 정해짐

67 건설기계를 운전하여 교차로에서 우회전을 하려고 할 때 가장 적합한 것은?

① 우회전은 신호가 필요 없으며, 보행자를 피하기 위해 빠른 속도로 진행한다.

② 신호를 행하면서 서행으로 주행하여야 하며, 교통신호에 따라 횡단하는 보행자의 통행을 방해하여서는 아니 된다.

③ 우회전은 언제 어느 곳에서나 할 수 있다.

④ 우회전 신호를 행하면서 빠르게 우회전한다.

해설
교차로에서 우회전을 하려고 할 때에는 신호를 행하면서 서행으로 주행하여야 하며, 교통신호에 따라 횡단하는 보행자의 통행을 방해하여서는 아니 된다.

68 도로교통법령상 보도와 차도가 구분된 도로에 중앙선이 설치되어 있는 경우 차마의 통행방법으로 옳은 것은? (단, 도로의 파손 등 특별한 사유는 없다.)

① 중앙선 좌측   ② 중앙선 우측

③ 보도   ④ 보도의 좌측

해설
도로에 중앙선이 설치되어 있는 경우 차마는 중앙선 우측으로 통행하여야 한다.

69 주행 중 진로를 변경하고자 할 때 운전자가 지켜야 할 사항으로 틀린 것은?

① 후사경 등으로 주위의 교통상황을 확인한다.

② 신호를 주어 뒤차에게 알린다.

③ 진로를 변경할 때에는 뒤차에 주의할 필요가 없다.

④ 뒤에서 따라오는 차보다 느린 속도로 가려는 경우에는 도로의 우측 가장자리로 피하여 진로를 양보하여야 한다.

70 운전자가 진행방향을 변경하려고 할 때 신호를 해야 할 시기로 옳은 것은? (단, 고속도로 제외)

① 변경하려고 하는 지점의 3m 전에서

② 변경하려고 하는 지점의 10m 전에서

③ 변경하려고 하는 지점의 30m 전에서

④ 특별히 정하여져 있지 않고, 운전자 임의대로

해설
진행방향을 변경하려고 할 때 신호를 하여야 할 시기는 변경하려고 하는 지점의 30m 전이다.

71 차마가 길가의 건물이나 주차장 등에서 도로에 들어가고자 하는 때의 올바른 통행방법은?

① 서행하면서 진행한다.

② 일시정지 후 안전을 확인하면서 서행한다.

③ 경음기를 사용하면서 통과한다.

④ 보행자가 있는 경우는 빨리 통과한다.

해설
차마가 주차장 등에서 나오며 도로에 들어가고자 하는 경우에는 일시정지 후 안전을 확인하면서 통과한다.

72 차마가 도로 이외의 장소에 출입하기 위하여 보도를 횡단하려고 할 때 가장 적절한 통행방법은?

① 보행자가 없으면 빨리 주행한다.

② 보행자가 있어도 차마가 우선 출입한다.

③ 보행자 유무에 구애받지 않는다.

④ 보도 직전에서 일시 정지하여 보행자의 통행을 방해하지 말아야 한다.

73 동일 방향으로 주행하고 있는 전·후 차 간의 안전운전 방법으로 틀린 것은?

① 뒤차는 앞차가 급정지할 때 충돌을 피할 수 있는 필요한 안전거리를 유지한다.
② 뒤에서 따라오는 차량의 속도보다 느린 속도로 진행하려고 할 때에는 진로를 양보한다.
③ 앞차가 다른 차를 앞지르고 있을 때에는 더욱 빠른 속도로 앞지른다.
④ 앞차는 부득이한 경우를 제외하고는 급정지·급감속을 해서는 안 된다.

74 도로교통법상 철길건널목을 통과할 때 방법으로 가장 적합한 것은?

① 신호등이 없는 철길건널목을 통과할 때에는 서행으로 통과해야 한다.
② 신호등이 있는 철길건널목을 통과할 때에는 건널목 앞에서 일시정지 하여 안전한지의 여부를 확인한 후 통과해야 한다.
③ 신호기가 없는 철길건널목을 통과할 때에는 건널목 앞에서 일시정지 하여 안전한지의 여부를 확인한 후 통과해야 한다.
④ 신호기와 관련 없이 철길건널목을 통과할 때에는 건널목 앞에서 일시정지 하여 안전한지의 여부를 확인한 후 통과해야 한다.

75 보기 중 도로교통법상 어린이보호와 관련해 위험성이 큰 놀이기구로 정하여 운전자가 특별히 주의하여야 할 놀이기구로 지정한 것을 모두 조합한 것은?

[보기]
ㄱ. 킥보드   ㄴ. 롤러스케이트
ㄷ. 인라인스케이트   ㄹ. 스케이트보드
ㅁ. 스노보드

① ㄱ, ㄴ
② ㄱ, ㄴ, ㄷ, ㄹ
③ ㄱ, ㄴ, ㄷ
④ ㄱ, ㄴ, ㄷ, ㄹ, ㅁ

76 출발지 관할 경찰서장이 안전기준을 초과하여 운행할 수 있도록 허가하는 사항에 해당되지 않는 것은?

① 적재중량
② 운행속도
③ 승차인원
④ 적재용량

77 안전기준을 초과하는 화물의 적재허가를 받은 자는 그 길이 또는 폭의 양끝에 몇 cm 이상의 빨간 헝겊으로 된 표지를 달아야 하는가?

① 너비 : 15cm, 길이 : 30cm
② 너비 : 20cm, 길이 : 40cm
③ 너비 : 30cm, 길이 : 50cm
④ 너비 : 60cm, 길이 : 90cm

● 해설
안전기준을 초과하는 화물의 적재허가를 받은 자는 그 길이 또는 폭의 양끝에 너비 30cm, 길이 50cm 이상의 빨간 헝겊으로 된 표지를 달아야 한다.

78 도로교통법에 따라 교차로의 가장자리나 도로의 모퉁이로부터 ( ) 이내의 지점에 주·정차하여서는 아니 된다. ( )안에 들어갈 거리는?

① 10m
② 7m
③ 5m
④ 3m

● 해설
도로교통법에 따라 교차로의 가장자리나 도로의 모퉁이로부터 5m 이내의 지점에 주차하여서는 아니 된다.

79 밤에 도로에서 차를 운행하는 경우 등의 등화로 틀린 것은?

① 견인되는 차 : 미등, 차폭등 및 번호등
② 원동기장치자전거 : 전조등 및 미등
③ 자동차 : 자동차안전기준에서 정하는 전조등, 차폭등, 미등
④ 자동차등 외의 모든 차 : 지방경찰청장이 정하여 고시하는 등화

80 야간 등화조작의 내용으로 맞는 것은?

① 야간에 도로가에 잠시 정차할 경우 미등을 꺼두어도 무방하다.
② 야간주행 운행 시 등화의 밝기를 줄이는 것은 국토교통부령으로 규정되어 있다.
③ 차량의 야간등화 조작은 국토교통부령에 의한다.
④ 자동차는 밤에 도로를 주행할 때 전조등, 차폭등, 미등, 번호등과 그 밖의 등화를 켜야 한다.

81 도로주행의 일반적인 주의사항으로 틀린 것은?

① 시력이 저하될 수 있으므로 터널 진입 전 헤드라이트를 켜고 주행한다.
② 고속주행 시 급핸들 조작, 급브레이크는 옆으로 미끄러지거나 전복될 수 있다.
③ 야간 운전은 주간보다 주의력이 양호하며, 속도감이 민감하여 과속 우려가 없다.
④ 비 오는 날 고속주행은 수막현상이 생겨 제동효과가 감소된다.

● 해설
야간 운전은 주간보다 주의력이 산만하며, 속도감이 둔감하여 과속 우려가 있다.

82 고속도로를 운행 중 일 때 안전운전상 준수사항으로 가장 적합한 것은?

① 정기점검을 실시 후 운행하여야 한다.
② 연료량을 점검하여야 한다.
③ 월간 정비점검을 하여야 한다.
④ 모든 승차자는 좌석 안전띠를 매도록 하여야 한다.

정답 **73** ③ **74** ③ **75** ② **76** ② **77** ③ **78** ③ **79** ③ **80** ④ **81** ③ **82** ④

83 도로운행시의 건설기계의 축하중 및 총중량 제한은?

① 윤하중 5톤 초과, 총중량 20톤 초과
② 축하중 10톤 초과, 총중량 20톤 초과
③ 축하중 10톤 초과, 총중량 40톤 초과
④ 윤하중 10톤 초과, 총중량 10톤 초과

⊕ 해설
도로를 운행할 때 건설기계의 축하중 및 총중량 제한은 축하중 10톤 초과, 총중량 40톤 초과이다.

84 다음 도로명 예고표지는 어떤 도로를 의미하는가?

① 다지형 교차로
② Y자형 교차로
③ 회전 교차로
④ K자형 교차로

85 다음 중 도로명주소의 표기방법으로 틀린 것은?

① 도로명은 모두 붙여 쓴다.
② 공동주택인 경우 공동주택명은 필수로 쓴다.
③ 도로명과 건물번호는 띄어 쓴다.
④ 건물번호와 상세주소 사이에는 쉼표를 찍는다.

⊕ 해설
공동주택인 경우 법정동 및 공동주택명 표기는 필수가 아닌 선택사항이다.

86 다음 중 주도로의 기초번호 부여 기준으로 틀린 것은?

① 도로의 끝지점에서 시작지점 방향으로 번호 부여
② 도로의 시작지점에서 끝지점 방향으로 번호 부여
③ 도로의 왼쪽에는 홀수, 오른쪽에는 짝수 번호 순서대로 부여
④ 도로의 시작지점부터 끝지점까지 좌우대칭 유지

⊕ 해설 **주도로의 기초번호 부여 기준**
모든 기초번호는 도로의 시작지점에서 끝지점 방향으로 왼쪽에는 홀수, 오른쪽에는 짝수의 일련번호를 순서대로 부여하되, 도로의 시작지점에서 끝지점까지 좌우대칭이 유지되도록 한다.

87 교통사고 발생 후 벌점기준으로 틀린 것은?

① 중상 1명마다 30점   ② 사망 1명마다 90점
③ 경상 1명마다 5점   ④ 부상신고 1명마다 2점

⊕ 해설
교통사고 발생 후 벌점
• 사망 1명마다 90점(사고발생으로부터 72시간 내에 사망한 때)
• 중상 1명마다 15점(3주 이상의 치료를 요하는 의사의 진단이 있는 사고)
• 경상 1명마다 5점(3주 미만 5일 이상의 치료를 요하는 의사의 진단이 있는 사고)
• 부상신고 1명마다 2점(5일 미만의 치료를 요하는 의사의 진단이 있는 사고)

88 다음 중 문화재·관광용 건물번호판으로 맞는 것은?

①    ②

③    ④

89 다음 중 도로명주소 도입의 필요성으로 틀린 것은?

① 류기반 주소정보 인프라(Infra) 확보
② 국제적으로 독보적인 주소제도 사용
③ 전자상거래의 확대에 따른 주소 정보화
④ 행정적 측면의 이점

⊕ 해설
도로명주소 도입의 필요성
• 물류기반 주소정보 인프라(Infra) 확보
• 전자상거래의 확대에 따른 주소 정보화
• 국제적으로 보편화된 주소제도 사용
• 행정적 측면의 이점

90 도로교통법령상 총 중량 2000kg 미만인 자동차를 총중량이 그의 3배 이상인 자동차로 견인할 때의 속도는? (단, 견인하는 차량이 견인자동차가 아닌 경우이다.)

① 매시 30km 이내
② 매시 50km 이내
③ 매시 80km 이내
④ 매시 100km 이내

⊕ 해설
총 중량 2000kg 미달인 자동차를 그의 3배 이상의 총중량 자동차로 견인할 때의 속도는 매시 30km 이내이다.

정답 **83** ③ **84** ③ **85** ② **86** ① **87** ① **88** ③ **89** ② **90** ①

제2장 주행 및 작업장치

1 동력 전달 장치

1) 클러치(Clutch)

클러치는 동력 전달 장치로 전달되는 기관의 동력을 연결하거나 차단하는 장치이며 필요성은 다음과 같다.
① 기관의 동력을 전달 또는 차단하기 위해
② 변속기어를 변속할 때 기관의 동력을 차단하기 위해
③ 기관을 시동할 때 기관을 무부하 상태로 하기 위해
④ 관성운전을 하기 위해

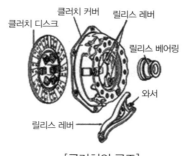

[클러치의 구조]

2) 변속기(Transmission)

① 변속기의 필요성
- 회전력을 증대시킨다.
- 기관을 무부하 상태로 한다.
- 차량을 후진시키기 위하여 필요하다.

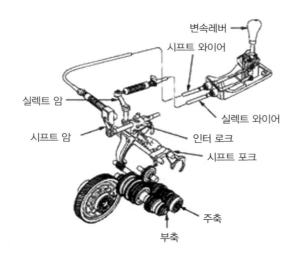

[수동변속기의 구조]

② 변속기의 구비조건
- 소형 · 경량이고, 고장이 없을 것
- 조작이 쉽고 신속할 것
- 단계가 없이 연속적으로 변속이 될 것
- 전달효율이 좋을 것

3) 자동변속기(Automatic Transmission)

① 토크 컨버터(Torque Converter)
- 토크 컨버터의 구조
  펌프(임펠러)는 기관의 크랭크축과 기계적으로 연결되고, 터빈은 변속기 입력축과 연결되어 펌프, 터빈, 스테이터 등이 상호 운동하여 회전력을 변환시킨다. 스테이터는 펌프와 터빈 사이의 오일 흐름 방향을 바꾸어 회전력을 증대시킨다.

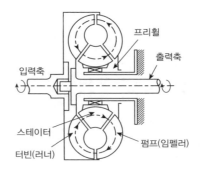

[토크컨버터의 구조]

② 유성기어 장치
링기어, 선 기어, 유성 기어, 유성 기어 캐리어로 되어있다.

4) 드라이브 라인(Drive Line)

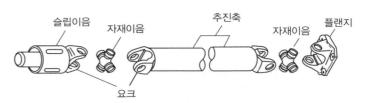

[드라이브 라인의 구성]

① 슬립이음(Slip Joint)
추진축의 길이 변화를 주는 부품이다.
② 자재이음(유니버설 조인트, Universal Joint)
변속기와 종 감속기어 사이의 구동각도 변화를 주는 기구이다.

5) 종 감속기어와 차동기어장치

① 종 감속기어(Final Reduction Gear)
종 감속기어는 기관의 동력을 바퀴까지 전달할 때 마지막으로 감속하여 전달하며, 종 감속비가 적으면 등판능력이 저하된다.
② 차동기어장치(Differential Gear System)
구조는 차동 피니언은 차동 사이드 기어와 결합되어 있고, 차동 사이드 기어는 차축과 스플라인으로 결합되어 있다. 타이어형 건설기계가 선회할 때 바깥쪽 바퀴의 회전속도를 안쪽 바퀴보다 빠르게 한다.

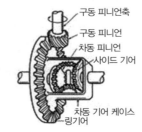

[종 감속기어와 차동기어장치의 구조]

③ 액슬축(차축) 지지방식
- 전부동식 : 차량을 하중을 하우징이 모두 받고, 액슬축은 동력만을 전달하는 형식
- 반부동식 : 액슬축에서 1/2, 하우징이 1/2 정도의 하중을 지지하는 형식
- 3/4부동식 : 액슬축이 동력을 전달함과 동시에 차량 하중의 1/4을 지지하는 형식

2 제동장치

1) 제동장치의 개요
제동장치는 주행속도를 감속시키거나 정지시키기 위한 장치이며, 독립적으로 작동시킬 수 있는 2계통의 장치가 있다. 또 경사로에서 정지된 상태를 유지할 수 있는 구조이다.

2) 유압 브레이크(Hydraulic Brake)
유압 브레이크는 파스칼의 원리를 응용한다.

[유압 브레이크의 구조]

① 마스터 실린더(Master Cylinder)
브레이크 페달을 밟는 것에 의하여 유압을 발생시키며, 잔압은 마스터 실린더 내의 체크 밸브에 의해 형성된다. 마스터 실린더를 조립할 때 부품의 세척은 브레이크액이나 알코올로 한다.

② 휠 실린더(Wheel Cylinder)
마스터 실린더에서 압송된 유압에 의하여 브레이크슈를 드럼에 압착시킨다.

③ 브레이크슈(Brake Shoe)
휠 실린더의 피스톤에 의해 드럼과 접촉하여 제동력을 발생하는 부품이며, 라이닝이 리벳이나 접착제로 부착되어 있다.

④ 브레이크 드럼(Brake Drum)
휠 허브에 볼트로 설치되어 바퀴와 함께 회전하며, 브레이크슈와의 마찰로 제동을 발생시킨다.

⑤ 브레이크 오일
피마자기름에 알코올 등의 용제를 혼합한 식물성 오일이다.

3) 배력 브레이크(Servo Brake)
① 배력 브레이크는 유압브레이크에서 제동력을 증대하기 위해 사용한다.
② 기관의 흡입행정에서 발생하는 진공(부압)과 대기압 차이를 이용하는 진공배력 방식(하이드로 백)이 있다.
③ 진공배력 장치(하이드로 백)에 고장이 발생하여도 유압 브레이크로 작동한다.

4) 공기 브레이크(Air Brake)
① 공기 브레이크의 장점
- 차량 중량에 제한을 받지 않는다.
- 공기가 다소 누출되어도 제동성능이 현저하게 저하되지 않는다.
- 베이퍼록 발생 염려가 없다.
- 페달 밟는 양에 따라 제동력이 제어된다(유압방식은 페달 밟는 힘에 의해 제동력이 비례한다).
② 공기 브레이크 작동
- 압축공기의 압력을 이용하여 모든 바퀴의 브레이크슈를 드럼에 압착시켜 제동을 한다.
- 브레이크 페달로 밸브를 개폐시켜 공기량으로 제동력을 조절한다.
- 브레이크슈를 확장시키는 부품은 캠(Cam)이다.

3 조향 장치

1) 동력조향 장치(Power Steering System)
① 동력조향 장치의 장점
- 작은 조작력으로 조향 조작을 할 수 있다.
- 조향 기어비를 조작력에 관계없이 선정할 수 있다.
- 굴곡노면에서의 충격을 흡수하여 조향핸들에 전달되는 것을 방지한다.
- 조향핸들의 시미 현상을 줄일 수 있다.
- 조향 조작이 경쾌하고 신속하다.
② 동력조향 장치의 구조
- 유압 발생 장치(오일펌프-동력부분), 유압 제어 장치(제어 밸브-제어부분), 작동 장치(유압 실린더-작동부분)로 되어있다.
- 안전 체크 밸브는 동력조향 장치가 고장이 났을 때 수동조작이 가능하도록 해 준다.

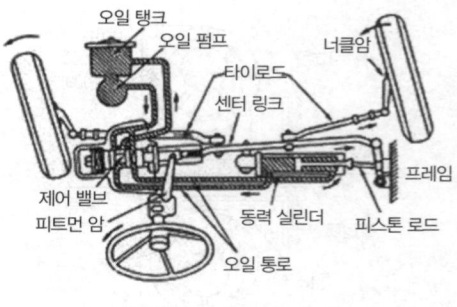

[조향 장치의 구조]

2) 앞바퀴 얼라인먼트(Front Wheel Alignment)
① 앞바퀴 얼라인먼트(정렬)의 개요
캠버, 캐스터, 토인, 킹핀 경사각 등이 있으며, 앞바퀴 얼라인먼트의 역할은 다음과 같다.
- 조향핸들의 조작을 확실하게 하고 안전성을 준다.
- 조향핸들에 복원성을 부여한다.
- 조향핸들의 조작력을 가볍게 한다.
- 타이어 마멸을 최소로 한다.
② 앞바퀴 얼라인먼트 요소의 정의
- 캠버(Camber)
앞바퀴를 앞에서 보면 바퀴의 윗부분이 아래쪽보다 더 벌어져 있는데 이 벌어진 바퀴의 중심선과 수선사이의 각도를 캠버라 한다. 캠버를 두는 목적은 다음과 같다.

- 조향핸들의 조작을 가볍게 한다.
- 수직방향 하중에 의한 앞 차축의 휨을 방지한다.
- 하중을 받았을 때 앞바퀴의 아래쪽이 벌어지는 것(부의 캠버)을 방지한다.
- 캐스터(Caster)
  앞바퀴를 옆에서 보았을 때 조향축(킹핀)이 수선과 어떤 각도를 두고 설치되어 있으며, 조향핸들의 복원성 부여 및 조향바퀴에 직진성능을 부여한다.
- 토인(Toe-In)
  앞바퀴를 위에서 아래로 보았을 때 앞쪽이 뒤쪽보다 좁게 되어져 있는 상태이며, 토인은 2~6mm정도 두고, 역할은 다음과 같다.
  - 조향바퀴를 평행하게 회전시킨다.
  - 조향바퀴가 옆 방향으로 미끄러지는 것을 방지한다.
  - 타이어 이상마멸을 방지한다.
  - 조향 링키지 마멸에 따라 토 아웃(Toe-out)이 되는 것을 방지한다.
  - 토인은 타이로드의 길이로 조정한다.

4 주행 장치

1) 휠과 타이어

① 공기압에 따른 타이어의 종류
  고압 타이어, 저압 타이어, 초저압 타이어가 있다.

② 타이어의 구조

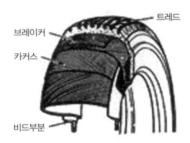

[타이어의 구조]

- 트레드(Tread)
  타이어가 직접 노면과 접촉되어 마모에 견디고 적은 슬립으로 견인력을 증대시키는 부분이다.
- 브레이커(Breaker)
  몇 겹의 코드 층을 내열성의 고무로 싼 구조로 되어있으며, 트레드와 카커스의 분리를 방지하고 노면에서의 완충작용도 한다.
- 카커스(Carcass)
  타이어의 골격을 이루는 부분이며, 공기압력을 견뎌 일정한 체적을 유지하고, 하중이나 충격에 따라 변형하여 완충작용을 한다.
- 비드부분(Bead Section)
  타이어가 림과 접촉하는 부분이며, 비드부분이 늘어나는 것을 방지하고 타이어가 림에서 빠지는 것을 방지하기 위해 내부에 몇 줄의 피아노선이 원둘레 방향으로 들어 있다.

③ 타이어의 호칭치수
  - 고압 타이어 : 타이어 바깥지름(Inch)×타이어 폭(Inch)－플라이 수(Ply Rating)
  - 저압 타이어 : 타이어 폭(Inch)－타이어 안지름(Inch)－플라이 수(9.00-20-14PR에서 9.00은 타이어 폭, 20은 타이어 내경, 14PR은 플라이 수를 의미한다.)

2) 트랙(무한궤도, 크롤러)

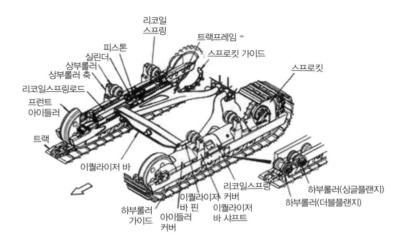

[트랙의 구조]

① 트랙(Track, 무한궤도, 크롤러)
  - 트랙의 구조
    링크, 핀, 부싱 및 슈 등으로 구성되며, 프런트 아이들러, 상·하부 롤러, 스프로킷에 감겨져 있으며, 스프로킷으로부터 동력을 받아 구동된다. 트랙 슈와 슈를 연결하는 부품은 트랙링크와 핀이며, 트랙링크의 수가 38조이면 트랙 핀의 부싱도 38조이다.
  - 트랙 슈의 종류
    단일돌기 슈, 2중 돌기 슈, 3중 돌기 슈, 습지용 슈, 고무 슈, 암반용 슈, 평활 슈 등이 있다.
  - 마스터 핀
    트랙의 분리를 쉽게 하기 위하여 둔 것이다.

② 프런트 아이들러(Front Idler, 전부유동륜)
  트랙의 장력을 조정하면서 트랙의 진행방향을 유도하며, 프런트 아이들러와 스프로킷이 일치되도록 하기 위해 브래킷 옆에 심(Shim)으로 조정한다.

③ 리코일 스프링(Recoil Spring)
  주행 중 트랙 전방에서 오는 충격을 완화하여 차체 파손을 방지하고 운전을 원활하게 하며, 리코일 스프링을 2중 스프링으로 하는 이유는 서징 현상을 방지하기 위함이다.

④ 상부롤러(Carrier Roller)
  프런트 아이들러와 스프로킷 사이에 1~2개가 설치되며, 트랙이 밑으로 처지는 것을 방지하고, 트랙의 회전을 바르게 유지한다.

⑤ 하부롤러(Track Roller)
  트랙 프레임에 3~7개 정도가 설치되며, 건설기계의 전체중량을 지탱한다. 또한 전체중량을 트랙에 균등하게 분배해 주고 트랙의 회전을 바르게 유지한다.

⑥ 스프로킷(구동륜)
  최종구동 기어로부터 동력을 받아 트랙을 구동한다.

⑦ 트랙의 장력

프런트 아이들러와 1번 상부롤러 사이에서 측정하며, 장력 조정은 트랙 조정용 실린더(장력 실린더)에 그리스를 주입하는 방법과 조정 너트를 이용하는 방법이 있다. 트랙 장력(유격)을 조정할 때 유의사항은 다음과 같다.

- 건설기계를 평지에 전진하다가 정지 후 주차시킨다.
- 정지할 때 브레이크가 있는 경우에 브레이크를 사용해서는 안된다.
- 2~3회 반복 조정하여 양쪽 트랙의 유격을 똑같이 조정한다.
- 한쪽 트랙을 들고서 늘어지는 것을 점검한다.
- 트랙의 유격은 25~40mm 정도이다.

⑧ 트랙이 벗겨지는 원인

- 트랙이 너무 이완되었거나 트랙의 정렬이 불량할 때
- 프런트 아이들러, 상,하부롤러 및 스프로킷의 마멸이 클 때
- 고속주행 중 급선회를 하였을 때
- 리코일 스프링의 장력이 부족할 때
- 경사지에서 작업할 때

M E M O

1 기관과 변속기 사이에 설치되어 동력의 차단 및 전달의 기능을 하는 것은?

① 변속기   ② 클러치
③ 추진축   ④ 차축

🔷**해설**
클러치는 기관과 변속기 사이에 부착되어 기관의 동력을 연결 및 차단하는 장치이다.

2 플라이 휠과 압력판 사이에 설치되어 있으며, 변속기 입력축을 통해 변속기에 동력을 전달하는 것은?

① 압력판   ② 클러치 디스크
③ 릴리스 레버   ④ 릴리스 포크

🔷**해설**
클러치 디스크(클러치판)는 플라이 휠과 압력판 사이에 설치되어 있으며 변속기 입력축(클러치 축)을 통하여 변속기로 동력을 전달한다.

3 클러치 디스크 구조에서 댐퍼 스프링 작용으로 옳은 것은?

① 클러치 작용 시 회전력을 증가시킨다.
② 클러치 디스크의 마멸을 방지한다.
③ 압력판의 마멸을 방지한다.
④ 클러치 작용 시 회전충격을 흡수한다.

🔷**해설**
클러치판의 댐퍼 스프링(비틀림 코일스프링 또는 토션 스프링이라고 부름)은 클러치가 작동할 때 충격을 흡수한다.

4 클러치 디스크의 편 마멸, 변형, 파손 등의 방지를 위해 설치하는 스프링은?

① 쿠션 스프링   ② 댐퍼 스프링
③ 편심 스프링   ④ 압력 스프링

🔷**해설**
쿠션 스프링은 클러치판의 변형 · 편마모 및 파손을 방지한다.

5 수동식 변속기를 장착한 건설기계가 경사로 주행 시 엔진 회전수는 상승하지만 경사로를 오를 수 없을 때 점검방법으로 맞는 것은?

① 엔진을 수리한다.
② 클러치 페달의 유격을 점검한다.
③ 릴리스 베어링에 주유한다.
④ 변속레버를 조정한다.

🔷**해설**
엔진 회전수는 상승하지만 경사로를 오르지 못하는 경우에는 클러치 페달의 유격을 점검한다.

6 기계식 변속기가 설치된 건설기계에서 출발 시 진동을 일으키는 원인으로 가장 적합한 것은?

① 릴리스 레버가 마멸되었다.

② 릴리스 레버의 높이가 같지 않다.
③ 페달 리턴스프링이 강하다.
④ 클러치 스프링이 강하다.

🔷**해설**
릴리스 레버의 높이가 다르면 출발할 때 진동이 발생한다.

7 수동식 변속기가 장착된 건설기계에서 기어의 이상소음이 발생하는 이유가 아닌 것은?

① 기어 백래시가 과다
② 변속기의 오일 부족
③ 변속기 베어링의 마모
④ 웜과 웜기어의 마모

🔷**해설**
소음이 발생하는 원인은 베어링의 마모, 기어의 마모, 기어의 백래시 과다, 변속기 오일의 부족 및 점도가 낮아진 경우이다.

8 수동변속기에서 변속할 때 기어가 끌리는 소음이 발생하는 원인으로 맞는 것은?

① 클러치가 유격이 너무 클 때
② 변속기 출력축의 속도계 구동기어 마모
③ 클러치판의 마모
④ 브레이크 라이닝의 마모

🔷**해설**
클러치 페달의 유격이 크면 변속할 때 기어가 끌리는 소음이 발생한다.

9 유체클러치에 대한 설명으로 틀린 것은?

① 터빈은 변속기 입력축에 설치되어 있다.
② 오일의 맴돌이 흐름(와류)을 방지하기 위하여 가이드 링을 설치한다.
③ 펌프는 기관의 크랭크축에 설치되어 있다.
④ 오일의 흐름 방향을 바꾸어주기 위하여 스테이터를 설치한다.

🔷**해설**
유체클러치에는 오일의 흐름 방향을 바꿔주기 위한 스테이터가 없다.

10 토크컨버터에 대한 설명으로 맞는 것은?

① 구성부품 중 펌프(임펠러)는 변속기 입력축과 기계적으로 연결되어 있다.
② 펌프, 터빈, 스테이터 등이 상호 운동하여 회전력을 변환시킨다.
③ 엔진속도가 일정한 상태에서 장비의 속도가 줄어들면 토크는 감소한다.
④ 구성품 중 터빈은 기관의 크랭크축과 기계적으로 연결되어 구동된다.

🔷**해설**
토크컨버터는 펌프, 터빈, 스테이터 등이 상호 운동하여 회전력을 변환시킨다.

11 토크컨버터에서 회전력이 최댓값이 될 때를 무엇이라 하는가?

① 토크 변환비
② 회전력
③ 스톨 포인트
④ 유체충돌 손실비

해설
스톨 포인트란 터빈이 회전하지 않을 때 펌프에서 전달되는 회전력으로 펌프와 터빈의 회전비율이 0으로 회전력이 최댓값이 된다.

12 자동변속기가 장착된 건설기계의 모든 변속단에서 출력이 떨어질 경우 점검해야 할 항목과 거리가 먼 것은?

① 토크컨버터 고장
② 오일의 부족
③ 엔진 고장으로 출력부족
④ 추진축 휨

13 휠 형식 장비의 동력 전달 장치에서 슬립이음이 변화를 가능하게 하는 것은?

① 축의 길이
② 회전속도
③ 드라이브 각
④ 축의 진동

해설
슬립이음을 사용하는 이유는 추진축의 길이 변화를 주기 위함이다.

14 추진축의 각도 변화를 가능하게 하는 이음은?

① 자재이음
② 슬립이음
③ 플랜지이음
④ 등속이음

해설
자재이음(유니버설 조인트)은 변속기와 종 감속기어 사이(추진축)의 구동각도 변화를 가능하게 한다.

15 타이어식 건설기계에서 추진축의 스플라인부가 마모되면 어떤 현상이 발생하는가?

① 차동기어의 물림이 불량하다.
② 클러치 페달의 유격이 크다.
③ 가속 시 미끄럼 현상이 발생한다.
④ 주행 중 소음이 나고 차체에 진동이 있다.

해설
추진축의 스플라인 부분이 마모되면 주행 중 소음이 나고 차체에 진동이 발생한다.

16 타이어형 건설기계의 동력전달 계통에서 최종적으로 구동력을 증가시키는 것은?

① 트랙 모터
② 종감속 기어
③ 스프로켓
④ 변속기

해설
종감속 기어는 동력전달 계통에서 최종적으로 구동력을 증가시킨다.

17 종감속비에 대한 설명으로 맞지 않는 것은?

① 종감속비는 링기어 잇수를 구동피니언 잇수로 나눈 값이다.
② 종감속비가 크면 가속성능이 향상된다.
③ 종감속비가 적으면 등판능력이 향상된다.
④ 종감속비는 나눠서 떨어지지 않는 값으로 한다.

해설
종감속비가 적으면 등판능력이 저하된다.

18 차축의 스플라인부는 차동장치의 어느 기어와 결합되어 있는가?

① 차동 피니언 기어
② 링기어
③ 차동 사이드 기어
④ 구동 피니언 기어

해설
차축의 스플라인부는 차동장치의 차동사이드 기어와 결합되어 있다.

19 액슬축과 액슬 하우징의 조합방법에서 액슬축의 지지방식이 아닌 것은?

① 전부동식
② 반부동식
③ 3/4부동식
④ 1/4부동식

해설
액슬 축 지지방식에는 전부동식, 반부동식, 3/4부동식이 있다.

20 타이어식 건설기계의 브레이크 파이프 내에 베이퍼록이 생기는 원인으로 관계없는 것은?

① 드럼의 과열
② 지나친 브레이크 조작
③ 잔압의 저하
④ 라이닝과 드럼의 간극 과대

해설
라이닝과 드럼의 간극이 과대하면 제동이 잘 안 된다.

21 타이어식 건설기계를 길고 급한 경사 길을 운전할 때 반 브레이크를 사용하면 어떤 현상이 생기는가?

① 라이닝은 페이드, 파이프는 스팀록
② 라이닝은 페이드, 파이프는 베이퍼록
③ 파이프는 스팀록, 라이닝은 베이퍼록
④ 파이프는 증기폐쇄, 라이닝은 스팀록

해설
길고 급한 경사 길을 운전할 때 반 브레이크를 사용하면 라이닝에서는 페이드가 발생하고, 파이프에서는 베이퍼록이 발생한다.

22 제동 장치의 페이드 현상 방지책으로 틀린 것은?

① 드럼의 냉각성능을 크게 한다.
② 드럼은 열팽창률이 적은 재질을 사용한다.
③ 온도상승에 따른 마찰계수 변화가 큰 라이닝을 사용한다.
④ 드럼의 열팽창률이 적은 형상으로 한다.

해설
페이드 현상 방지책은 ①, ②, ④항 이외에 온도상승에 따른 마찰계수 변화가 작은 라이닝을 사용하는 것이다.

정답 **11** ③ **12** ④ **13** ① **14** ① **15** ④ **16** ② **17** ③ **18** ③ **19** ④ **20** ④ **21** ② **22** ③

23 진공식 제동 배력장치의 설명 중에서 옳은 것은?

① 진공 밸브가 새면 브레이크가 전혀 작동되지 않는다.
② 릴레이 밸브의 다이어프램이 파손되면 브레이크가 작동되지 않는다.
③ 릴레이 밸브 피스톤 컵이 파손되어도 브레이크는 작동된다.
④ 하이드로릭 피스톤의 체크 볼이 밀착 불량이면 브레이크가 작동되지 않는다.

🔵 해설
진공 제동 배력장치(하이드로 백)는 배력장치에 고장이 발생해도 일반적인 유압 브레이크로 작동할 수 있다.

24 브레이크에서 하이드로 백에 관한 설명으로 틀린 것은?

① 대기압과 흡기다기관 부압과의 차를 이용하였다.
② 하이드로 백에 고장이 나면 브레이크가 전혀 작동하지 않는다.
③ 외부에 누출이 없는데도 브레이크 작동이 나빠지는 것은 하이드로 백 고장일 수도 있다.
④ 하이드로 백은 브레이크 계통에 설치되어 있다.

25 공기 브레이크의 장점으로 맞는 것은?

① 차량 중량에 제한을 받는다.
② 베이퍼록 발생이 많다.
③ 페달을 밟는 양에 따라 제동력이 조절된다.
④ 공기가 다소 누출되면 제동 성능에 현저한 차이가 있다.

🔵 해설
공기 브레이크는 페달 밟는 양에 따라 제동력이 제어된다.

26 휠 구동식의 건설기계에서 기계식 조향 장치에 사용되는 구성부품이 아닌 것은?

① 섹터 기어
② 웜 기어
③ 타이로드 엔드
④ 하이포이드 기어

🔵 해설
하이포이드 기어는 종감속 기어에서 사용한다.

27 유압식 조향 장치의 핸들 조작이 무거운 원인으로 틀린 것은?

① 유압이 낮다.
② 오일이 부족하다.
③ 유압 계통에 공기가 혼입되었다.
④ 펌프의 회전이 빠르다.

28 타이어식 건설기계에서 주행 중 조향핸들이 한쪽으로 쏠리는 원인이 아닌 것은?

① 타이어 공기압 불균일
② 브레이크 라이닝 간극 조정 불량
③ 베이퍼록 현상 발생
④ 휠 얼라인먼트 조정 불량

29 앞바퀴 정렬 요소 중 캠버의 필요성에 대한 설명으로 틀린 것은?

① 앞 차축의 휨을 적게 한다.
② 조향 휠의 조작을 가볍게 한다.
③ 조향 시 바퀴의 복원력이 발생한다.
④ 토(Toe)와 관련성이 있다.

🔵 해설
캠버는 앞 차축의 휨을 적게 하고, 조향 휠(핸들)의 조작을 가볍게 하며, 토(Toe)와 관련성이 있다.

30 타이어식 건설기계의 휠 얼라인먼트에서 토인의 필요성이 아닌 것은?

① 조향바퀴의 방향성을 준다.
② 타이어 이상마멸을 방지한다.
③ 조향바퀴를 평행하게 회전시킨다.
④ 바퀴가 옆 방향으로 미끄러지는 것을 방지한다.

🔵 해설
조향바퀴의 방향성을 주는 요소는 캐스터이다.

31 타이어 림에 대한 설명 중 틀린 것은?

① 경미한 균열은 용접하여 재사용한다.
② 변형 시 교환한다.
③ 경미한 균열도 교환한다.
④ 손상 또는 마모 시 교환한다.

🔵 해설
타이어 림에 경미한 균열이 발생하였더라도 교환하여야 한다.

32 건설기계에 사용되는 저압 타이어 호칭치수 표시는?

① 타이어의 외경 – 타이어의 폭 – 플라이 수
② 타이어의 폭 – 타이어의 내경 – 플라이 수
③ 타이어의 폭 – 림의 지름
④ 타이어의 내경 – 타이어의 폭 – 플라이 수

🔵 해설
저압타이어 호칭치수는 타이어의 폭 – 타이어의 내경 – 플라이 수로 표시한다.

33 하부 구동체(Under Carriage)에서 건설기계의 중량을 지탱하고 완충작용을 하며, 대각지주가 설치된 것은?

① 트랙　　　　　② 상부롤러
③ 하부롤러　　　④ 트랙 프레임

🔵 해설
트랙 프레임은 하부 구동체에서 건설기계의 중량을 지탱하고 완충작용을 하며, 대각지주가 설치되어 있다.

34 무한궤도식 건설기계 프런트 아이들러에 미치는 충격을 완화시켜주는 완충장치로 틀린 것은?

① 코일 스프링식　　② 압축 피스톤식
③ 접지 스프링식　　④ 질소 가스식

🔵 해설
완충장치의 종류에는 코일스프링 방식, 접지 스프링 방식, 질소가스 방식이 있다.

🚜 정답　**23** ③　**24** ②　**25** ③　**26** ④　**27** ④　**28** ③　**29** ③　**30** ①　**31** ①　**32** ②　**33** ④　**34** ②

35 상부롤러에 대한 설명으로 틀린 것은?

① 더블 플랜지형을 주로 사용한다.
② 트랙이 밑으로 처지는 것을 방지한다.
③ 전부 유동륜과 기동륜 사이에 1~2개가 설치된다.
④ 트랙의 회전을 바르게 유지한다.

해설
상부 롤러는 싱글 플랜지형(바깥쪽으로 플랜지가 있는 형식)을 사용한다.

36 무한궤도식 건설기계에서 트랙 장력을 측정하는 부위로 가장 적합한 것은?

① 아이들러와 스프로킷 사이
② 1번 상부롤러와 2번 상부롤러 사이
③ 스프로킷과 1번 상부롤러 사이
④ 아이들러와 1번 상부롤러 사이

해설
트랙장력은 아이들러와 1번 상부롤러 사이에서 측정한다.

37 무한궤도식 건설기계에서 트랙 장력이 너무 팽팽하게 조정되었을 때 보기와 같은 부분에서 마모가 촉진되는 부분(기호)을 모두 나열한 항은?

[보기]
a. 트랙 핀의 마모　　b. 부싱의 마모
c. 스프로킷 마모　　d. 블레이드 마모

① a, c　　② a, b, d
③ a, b, c　　④ a, b, c, d

38 무한궤도식 굴착기의 트랙 유격을 조정할 때 유의사항으로 잘못된 방법은?

① 브레이크가 있는 장비는 브레이크를 사용한다.
② 장비를 평지에 주차시킨다.
③ 트랙을 들고서 늘어지는 것을 점검한다.
④ 2~3회 나누어 조정한다.

해설
트랙유격을 조정할 때 브레이크가 있는 경우에 브레이크를 사용해서는 안 된다.

39 무한궤도식 건설기계에서 트랙이 자주 벗겨지는 원인으로 가장 거리가 먼 것은?

① 유격(긴도)이 규정보다 클 때
② 트랙의 상, 하부롤러가 마모되었을 때
③ 최종 구동기어가 마모되었을 때
④ 트랙의 중심 정렬이 맞지 않았을 때

40 무한궤도식 건설기계에서 트랙을 분리하여야 할 경우가 아닌 것은?

① 트랙교환 시
② 트랙 상부롤러 교환 시
③ 스프로킷 교환 시
④ 아이들러 교환 시

해설
트랙을 분리하여야 하는 경우는 트랙을 교환할 때, 스프로킷을 교환할 때, 프런트 아이들러를 교환할 때 등이다.

정답 35 ① 36 ④ 37 ③ 38 ① 39 ③ 40 ②

제3장 구조 및 기능 점검

1 굴착기의 개요

① 타이어형은 장거리 이동이 쉽고, 기동성능이 양호하며, 주행속도가 빠르다.
② 무한궤도형은 접지압력이 낮아 습지·사지 및 기복이 심한 곳의 작업에 유리하다.

2 굴착기의 주요 구조

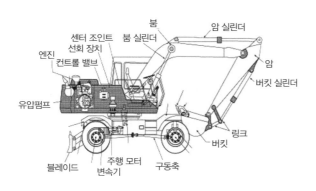

1) 상부회전체

① 상부회전체는 하부주행 장치의 프레임 위에 설치되며, 프레임 위에 스윙 볼 레이스와 결합되고, 앞쪽에는 붐이 푸트 핀(Foot Pin)을 통해 설치되어 있다.
② 밸런스 웨이트(평형추)는 작업을 할 때 굴착기의 뒷부분이 들리는 것을 방지한다.
③ 회전 로크장치(선회고정 장치)는 상부회전체에 설치되어 있으며 작업 중 차체가 기울어져 상부회전체가 자연히 회전하는 것을 방지한다.

2) 작업 장치

① 작업 사이클은 굴착 → 붐 상승 → 스윙 → 적재 → 스윙 → 굴착 순서이며, 버킷용량은 m³로 표시한다.
② 굴착작업에 관계되는 것은 암(디퍼스틱) 제어 레버, 붐 제어 레버, 버킷 제어 레버이다.
③ 붐 제어 레버를 계속 상승위치로 당기고 있으면 릴리프 밸브 및 시트에 큰 손상이 발생한다.

3) 하부주행 장치

무한궤도형 굴착기 하부주행 장치의 동력 전달 순서는 기관 → 유압펌프 → 컨트롤 밸브 → 센터 조인트 → 주행 모터 → 트랙이다.

① 센터 조인트(Center Joint)

센터 조인트는 상부회전체의 중심부분에 설치되며, 상부회전체의 유압유를 하부주행 장치(주행 모터)로 공급하는 부품이다. 상부회전체가 회전하더라도 호스, 파이프 등이 꼬이지 않고 원활하게 송출한다.

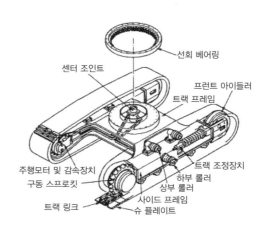

[센터 조인트 설치위치]

② 주행 모터(Track Motor)

주행 모터는 센터 조인트로부터 유압을 받아서 작동하며, 감속기어·스프로킷 및 트랙을 회전시켜 주행하도록 한다. 주행동력은 유압 모터(주행 모터)로부터 공급받으며, 무한궤도형 굴착기의 조향(환향)작용은 유압 모터(주행 모터)로 한다.

③ 무한궤도형 굴착기의 조향방법

• 피벗 턴(Pivot Turn) : 주행 레버를 1개만 조작하여 선회하는 방법이다.
• 스핀 턴(Spin Turn) : 주행 레버 2개를 동시에 반대 방향으로 조작하여 선회하는 방식이다.

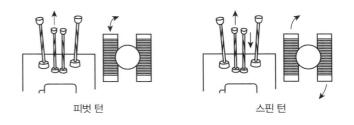

[조향방법]

3 작업 장치 기능 및 작업방법

1) 작업할 때 주의사항

① 스윙하면서 버킷으로 암석을 부딪쳐 파쇄하지 말 것
② 작업할 때 작업 반경을 초과하여 하중을 이동시키지 말 것
③ 기중작업은 가능한 피하고, 굴착하면서 주행하지 말 것
④ 경사지에서 작업할 때 측면절삭은 해서는 안 되며, 작업을 중지할 때는 파낸 모서리로부터 굴착기를 이동시킬 것
⑤ 타이어형 굴착기로 작업할 때에는 반드시 아웃트리거를 받칠 것
⑥ 버킷에 중량물을 담았을 때에는 5~10cm 들어 올려 굴착기의 안전을 확인한 후 작업할 것
⑦ 버킷이나 하중을 달아 올린 채로 브레이크를 걸어두어서는 안 되며, 작업할 때는 버킷 옆에 사람이 없도록 할 것
⑧ 운전자는 작업반경의 주위를 파악한 후 스윙, 붐의 작동을 행할 것
⑨ 암석·토사 등을 평탄하게 고를 때는 선회관성을 이용하면 스윙모터에 과부하가 걸리기 쉬우므로 하지 말 것

⑩ 땅을 깊이 팔 때는 붐의 호스나 버킷실린더의 호스가 지면에 닿지 않도록 할 것

⑪ 암 레버를 조작할 때 잠깐 멈췄다가 움직이는 것은 유압펌프의 토출유량이 부족하기 때문

⑫ 상부에서 붕괴 낙하 위험이 있는 장소에서 작업은 금지하고, 굴착면이 높은 경우에는 계단식으로 굴착할 것

⑬ 부석이나 붕괴되기 쉬운 지반은 적절하게 보강할 것

⑭ 작업할 때 실린더의 행정 끝에서 약간 여유를 남기도록 운전할 것

⑮ 한쪽 트랙을 들 때에는 암과 붐 사이의 각도를 90~110° 범위로 할 것

⑯ 액슬 허브오일을 교환할 때 오일을 배출시킬 경우에는 플러그를 6시 방향에, 주입할 때는 플러그 방향을 9시에 위치시킬 것

2) 굴착기를 트레일러에 상차하는 방법

① 가급적 경사대를 사용한다.

② 경사대는 10~15° 정도 경사시키는 것이 좋다.

③ 트레일러로 운반할 때 작업 장치를 반드시 뒤쪽으로 한다.

④ 붐을 이용해 버킷으로 차체를 들어 올려 탑재하는 방법도 이용되지만 전복의 위험이 있어 특히 주의를 요하는 방법이다.

MEMO

굴착기운전기능사 출제예상문제

1 무한궤도식 굴착기와 타이어식 굴착기의 운전 특성에 대해 설명한 것으로 틀린 것은?

① 무한궤도식은 습지, 사지에서의 작업이 유리하다.
② 타이어식은 변속 및 주행속도가 빠르다.
③ 무한궤도식은 기복이 심한 곳에서 작업이 불리하다.
④ 타이어식은 장거리 이동이 빠르고, 기동성이 양호하다.

해설
무한궤도형은 접지압력이 낮아 습지·사지 및 기복이 심한 곳의 작업에 유리하다.

2 유압식 굴착기의 특징이 아닌 것은?

① 구조가 간단하다.
② 운전조작이 쉽다.
③ 프런트 어태치먼트 교환이 쉽다.
④ 회전부분의 용량이 크다.

해설
유압식 굴착기는 회전부분의 용량이 작다.

3 굴착기의 작업 장치에 해당되지 않는 것은?

① 브레이커
② 파일드라이브
③ 힌지드 버킷
④ 백호(Back Hoe)

해설
힌지드 버킷은 지게차 작업 장치 중의 하나이다.

4 굴착기 붐(Boom)은 무엇에 의하여 상부회전체에 연결되어 있는가?

① 테이퍼 핀(Taper Pin)
② 푸트 핀(Foot Pin)
③ 킹핀(King Pin)
④ 코터 핀(Cotter Pin)

해설
붐은 푸트 핀에 의해 상부회전체에 설치된다.

5 굴착기의 기본 작업 사이클 과정으로 맞는 것은?

① 선회 → 굴착 → 적재 → 선회 → 굴착 → 붐 상승
② 선회 → 적재 → 굴착 → 적재 → 붐 상승 → 선회
③ 굴착 → 적재 → 붐 상승 → 선회 → 굴착 → 선회
④ 굴착 → 붐 상승 → 스윙 → 적재 → 스윙 → 굴착

해설
작업 사이클은 굴착 → 붐 상승 → 스윙 → 적재 → 스윙 → 굴착 순서이다.

6 굴착기의 굴착작업은 주로 어느 것을 사용하면 좋은가?

① 버킷 실린더
② 디퍼스틱 실린더
③ 붐 실린더
④ 주행 모터

해설
굴착작업을 할 때에는 주로 디퍼스틱(암) 실린더를 사용한다.

7 다음 중 굴착기의 굴착력이 가장 클 경우는?

① 암과 붐이 일직선상에 있을 때
② 암과 붐이 45° 선상을 이루고 있을 때
③ 버킷을 최소작업 반경 위치로 놓았을 때
④ 암과 붐이 직각 위치에 있을 때

해설
가장 큰 굴착력은 암과 붐의 각도가 80~110° 정도일 때이다.

8 굴착기의 붐 제어 레버를 계속하여 상승위치로 당기고 있으면 다음 중 어느 곳에 가장 큰 손상이 발생하는가?

① 엔진
② 유압펌프
③ 릴리프 밸브 및 시트
④ 유압 모터

해설
붐 제어 레버를 계속하여 상승위치로 당기고 있으면 릴리프 밸브 및 시트에 큰 손상이 발생한다.

9 굴착기의 작업 장치 연결 부분(작동 부분) 니플에 주유하는 것은?

① G.A.A(그리스)
② SAE#30(엔진오일)
③ G.O(기어오일)
④ H.O(유압유)

해설
작업 장치 연결 부분의 니플에는 G.A.A(그리스)를 8~10시간마다 주유한다.

10 버킷의 굴착력을 증가시키기 위해 부착하는 것은?

① 보강판
② 사이드판
③ 노즈
④ 포인트(투스)

해설
버킷의 굴착력을 증가시키기 위해 포인트(투스)를 설치한다.

11 점토, 석탄 등의 굴착작업에 사용하며 절입 성능이 좋은 버킷 포인트는?

① 로크형 포인트(Lock Type Point)
② 롤러형 포인트(Roller Type Point)
③ 샤프형 포인트(Sharp Type Point)
④ 슈형 포인트(Shoe Type Point)

해설
버킷 포인트(투스)의 종류
• 샤프형 포인트 : 점토, 석탄 등을 잘라낼 때 사용한다.
• 로크형 포인트 : 암석, 자갈 등을 굴착 및 적재작업에 사용한다.

정답 1 ③ 2 ④ 3 ③ 4 ② 5 ④ 6 ② 7 ④ 8 ③ 9 ① 10 ④ 11 ③

12 굴착기 버킷 포인트(투스)의 사용 및 정비방법으로 옳은 것은?

① 샤프형 포인트는 암석, 자갈 등의 굴착 및 적재작업에 사용한다.

② 로크형 포인트는 점토, 석탄 등을 잘라낼 때 사용한다.

③ 핀과 고무 등은 가능한 한 그대로 사용한다.

④ 마모 상태에 따라 안쪽과 바깥쪽의 포인트를 바꿔 끼워가며 사용한다.

> **해설**
> 버킷 투스는 마모 상태에 따라 안쪽과 바깥쪽의 포인트를 바꿔 끼워가며 사용한다.

13 굴착기 스윙(선회) 동작이 원활하게 안 되는 원인으로 틀린 것은?

① 컨트롤 밸브 스풀 불량

② 릴리프 밸브 설정압력 부족

③ 터닝 조인트(Turning Joint) 불량

④ 스윙(선회)모터 내부 손상

> **해설**
> 터닝 조인트(센터 조인트)는 하부주행 장치의 부품이다.

14 굴착기의 회전 로크 장치에 대한 설명으로 알맞은 것은?

① 선회 클러치의 제동 장치이다.

② 드럼 축의 회전 제동 장치이다.

③ 굴착할 때 반력으로 차체가 후진하는 것을 방지하는 장치이다.

④ 작업 중 차체가 기울어져 상부회전체가 자연히 회전하는 것을 방지하는 장치이다.

> **해설**
> 회전 로크 장치는 작업 중 차체가 기울어져 상부회전체가 자연히 회전하는 것을 방지한다.

15 무한궤도식 굴착기의 하부주행체를 구성하는 요소가 아닌 것은?

① 선회고정 장치 ② 주행 모터

③ 스프로킷 ④ 트랙

16 무한궤도식 굴착기의 유압식 하부추진체 동력 전달 순서로 맞는 것은?

① 기관 → 컨트롤 밸브 → 센터 조인트 → 유압펌프 → 주행 모터 → 트랙

② 기관 → 컨트롤 밸브 → 센터 조인트 → 주행 모터 → 유압펌프 → 트랙

③ 기관 → 센터 조인트 → 유압펌프 → 컨트롤 밸브 → 주행 모터 → 트랙

④ 기관 → 유압펌프 → 컨트롤 밸브 → 센터 조인트 → 주행 모터 → 트랙

> **해설**
> 무한궤도식 굴착기의 하부추진체 동력 전달 순서는 기관 → 유압펌프 → 컨트롤 밸브 → 센터 조인트 → 주행 모터 → 트랙이다.

17 무한궤도식 굴착기의 조향 작용은 무엇으로 행하는가?

① 유압 모터 ② 유압펌프

③ 조향 클러치 ④ 브레이크 페달

> **해설**
> 무한궤도식 굴착기의 환향(조향)작용은 유압(주행) 모터로 한다.

18 트랙식 굴착기의 한쪽 주행 레버만 조작하여 회전하는 것을 무엇이라 하는가?

① 피벗 회전 ② 급 회전

③ 스핀 회전 ④ 원웨이 회전

> **해설**
> 굴착기의 회전방법
> • 피벗 턴 : 주행 레버만 사용하여 조향하는 방법이다.
> • 스핀 턴 : 좌 · 우측 주행 레버를 동시에 반대로 조작하여 조향하는 방법이다.

19 무한궤도식 굴착기의 상부회전체가 하부주행체에 대한 역 위치에 있을 때 좌측 주행 레버를 당기면 차체가 어떻게 회전되는가?

① 좌향 스핀 회전

② 우향 스핀 회전

③ 좌향 피벗 회전

④ 우향 피벗 회전

> **해설**
> 상부회전체가 하부주행체에 대한 역 위치에 있을 때 좌측 주행 레버를 당기면 차체는 좌향 피벗 회전을 한다.

20 굴착기의 양쪽 주행 레버를 조작하여 급회전하는 것을 무슨 회전이라고 하는가?

① 급 회전

② 스핀 회전

③ 피벗 회전

④ 원웨이 회전

21 무한궤도식 굴착기로 주행 중 회전반경을 가장 적게 할 수 있는 방법은?

① 한쪽 주행 모터만 구동시킨다.

② 구동하는 주행 모터 이외에 다른 모터의 조향 브레이크를 강하게 작동시킨다.

③ 2개의 주행 모터를 서로 반대 방향으로 동시에 구동시킨다.

④ 트랙의 폭이 좁은 것으로 교체한다.

> **해설**
> 회전반경을 적게 하려면 2개의 주행 모터를 서로 반대 방향으로 동시에 구동시킨다. 즉 스핀 회전을 한다.

22 무한궤도식 굴착기의 주행방법 중 잘못된 것은?

① 가능하면 평탄한 길을 택하여 주행한다.

② 요철이 심한 곳에서는 엔진 회전수를 높여 통과한다.

③ 돌이 주행 모터에 부딪치지 않도록 한다.

④ 연약한 땅을 피해서 간다.

23 크롤러형 굴착기가 진흙에 빠져서, 자력으로는 탈출이 거의 불가능하게 된 상태의 경우 견인방법으로 가장 적당한 것은?

① 버킷으로 지면을 걸고 나온다.
② 두 대의 굴착기 버킷을 서로 걸고 견인한다.
③ 전부장치로 잭업 시킨 후, 후진으로 밀면서 나온다.
④ 하부기구 본체에 와이어 로프를 걸고 크레인으로 당길 때 굴착기는 주행 레버를 견인 방향으로 밀면서 나온다.

24 트랙형 굴착기의 주행 장치에 브레이크 장치가 없는 이유로 가장 적당한 것은?

① 저속으로 주행하기 때문이다.
② 트랙과 지면의 마찰이 크기 때문이다.
③ 주행제어 레버를 반대로 작용시키면 정지하기 때문이다.
④ 주행제어 레버를 중립으로 하면 주행 모터의 작동유 공급 쪽과 복귀 쪽 회로가 차단되기 때문이다.

⊕ 해설
트랙형 굴착기의 주행 장치에 브레이크 장치가 없는 이유는 주행제어 레버를 중립으로 했을 때 주행 모터의 작동유 공급 쪽과 복귀 쪽 회로가 차단되기 때문이다.

25 넓은 홈의 굴착작업 시 알맞은 굴착순서는?

① 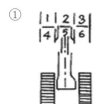　②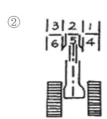

③ 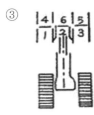　④

26 벼랑이나 암석을 굴착작업 할 때 다음 중 안전한 방법은?

① 스프로킷을 앞쪽에 두고 작업한다.
② 중력을 이용한 굴착을 한다.
③ 신호자는 운전자 뒤쪽에서 신호를 한다.
④ 트랙 앞쪽에 트랙보호 장치를 한다.

⊕ 해설
트랙 앞쪽에 트랙보호 장치를 하고, 스프로킷은 뒤쪽에 두어야 하며, 중력을 이용한 굴착은 해서는 안 되며, 신호자는 운전자가 잘 볼 수 있는 위치에서 신호를 하여야 한다.

27 굴착기로 작업할 때 주의사항으로 틀린 것은?

① 땅을 깊이 팔 때는 붐의 호스나 버킷 실린더의 호스가 지면에 닿지 않도록 한다.
② 암석, 토사 등을 평탄하게 고를 때는 선회 관성을 이용하면 능률적이다.
③ 암 레버의 조작 시 잠깐 멈췄다가 움직이는 것은 펌프의 토출량이 부족하기 때문이다.
④ 작업 시 실린더의 행정 끝에서 약간 여유를 남기도록 운전한다.

⊕ 해설
암석, 토사 등을 평탄하게 고를 때는 선회 관성을 이용하면 스윙모터에 과부하가 걸리기 쉽다.

28 굴착을 깊게 하여야 하는 작업 시 안전준수 사항으로 가장 거리가 먼 것은?

① 여러 단계로 나누지 않고, 한 번에 굴착한다.
② 작업은 가능한 숙련자가 하고, 작업 안전 책임자가 있어야 한다.
③ 작업 장소의 조명 및 위험요소의 유무 등에 대하여 점검하여야 한다.
④ 산소결핍의 위험이 있는 경우는 안전 담당자에게 산소농도 측정 및 기록을 하게 한다.

⊕ 해설
굴착을 깊게 해야 하는 작업은 여러 단계로 나누어 작업한다.

29 작업종료 후 굴착기 다루기를 설명한 것으로 틀린 것은?

① 약간 경사진 장소에 버킷을 들어놓은 상태로 놓아둔다.
② 연료탱크에 연료를 가득 채운다.
③ 각 부분의 그리스 주입은 아워 미터(적산 시간계)를 따른다.
④ 굴착기 내외 부분을 청소한다.

30 타이어식 건설기계의 액슬 허브에 오일을 교환하고자 한다. 오일을 배출시킬 때와 주입할 때의 플러그 위치로 옳은 것은?

① 배출시킬 때 1시 방향, 주입할 때 9시 방향
② 배출시킬 때 6시 방향, 주입할 때 9시 방향
③ 배출시킬 때 3시 방향, 주입할 때 9시 방향
④ 배출시킬 때 2시 방향, 주입할 때 12시 방향

⊕ 해설
액슬 허브 오일을 교환할 때 오일을 배출시킬 경우는 플러그를 6시 방향에, 주입할 때는 플러그 방향을 9시에 위치시킨다.

31 다음 중 구조 및 기능 점검의 구성요소에 속하지 않는 것은?

① 붐
② 디퍼스틱
③ 버킷
④ 롤러

⊙해설
작업 장치는 붐, 디퍼스틱(암, 투붐), 버킷으로 구성된다.

32 굴착기의 조종 레버 중 굴착작업과 직접 관계가 없는 것은?

① 버킷 제어 레버
② 붐 제어 레버
③ 암(스틱) 제어 레버
④ 스윙 제어 레버

⊙해설
굴착작업에 직접 관계되는 것은 암(디퍼스틱), 붐, 버킷 제어 레버이다.

33 굴착작업 시 작업능력이 떨어지는 원인으로 맞는 것은?

① 트랙 슈에 주유가 안 됨
② 아워미터 고장
③ 조향핸들 유격과다
④ 릴리프 밸브 조정 불량

⊙해설
릴리프 밸브의 조정이 불량하면 작업능력이 떨어진다.

34 굴착기 붐의 자연 하강량이 많을 때의 원인이 아닌 것은?

① 유압 실린더의 내부 누출이 있다.
② 컨트롤 밸브의 스풀에서 누출이 많다.
③ 유압 실린더 배관이 파손되었다.
④ 유압 작동 압력이 과도하게 높다.

⊙해설
붐의 자연 하강량이 큰 원인은 유압 실린더 내부 누출, 컨트롤 밸브 스풀에서의 누출, 유압 실린더 배관의 파손, 유압이 과도하게 낮을 때이다.

35 작업 장치 핀 등에 그리스가 주유되었는지를 점검하는 방법으로 옳은 것은?

① 그리스 니플을 분해하여 확인한다.
② 그리스 니플을 깨끗이 청소한 후 확인한다.
③ 그리스 니플의 볼을 눌러 확인한다.
④ 그리스 주유 후 확인할 필요가 없다.

⊙해설
그리스 주유 확인은 니플의 볼을 눌러 점검한다.

36 굴착기 버킷용량 표시로 옳은 것은?

① in²
② yd²
③ m²
④ m³

⊙해설
굴착기 버킷용량은 m³로 표시한다.

37 굴착기의 상부회전체는 어느 것에 의해 하부주행체에 연결되어 있는가?

① 푸트핀
② 스윙 볼 레이스
③ 스윙 모터
④ 주행 모터

⊙해설
굴착기 상부회전체는 스윙 볼 레이스에 의해 하부주행체와 연결된다.

38 굴착기 선회장치의 구성부품이 아닌 것은?

① 스윙 모터
② 링 기어
③ 피니언
④ 레이디얼 펌프

⊙해설
선회장치는 스윙 모터, 스윙 감속 기어, 링 기어, 피니언으로 구성된다.

39 굴착기의 밸런스 웨이트(Balance Weight)에 대한 설명으로 가장 적합한 것은?

① 작업을 할 때 굴착기의 뒷부분이 들리는 것을 방지한다.
② 굴착량에 따라 중량물을 들 수 있도록 운전자가 조절하는 장치이다.
③ 접지압을 높여주는 장치이다.
④ 접지면적을 높여주는 장치이다.

⊙해설
밸런스 웨이트(평형추)는 작업을 할 때 굴착기의 뒷부분이 들리는 것을 방지한다.

40 크롤러식 굴착기(유압식)의 센터 조인트에 관한 설명으로 적합하지 않은 것은?

① 상부회전체의 회전중심부에 설치되어 있다.
② 상부회전체의 오일을 주행모터에 전달한다.
③ 상부회전체가 롤링작용을 할 수 있도록 설치되어 있다.
④ 상부회전체가 회전하더라도 호스, 파이프 등이 꼬이지 않고 원활하게 송유된다.

⊙해설
센터 조인트는 상부회전체의 회전중심부에 설치되며, 상부회전체의 유압유를 주행모터로 전달한다. 또 상부회전체가 회전하더라도 호스, 파이프 등이 꼬이지 않고 원활하게 송유된다.

41 유압식 굴착기의 주행동력으로 이용되는 것은?

① 차동장치
② 전기 모터
③ 유압 모터
④ 변속기 동력

⊙해설
유압식 굴착기는 주행동력을 유압 모터(주행 모터)로부터 공급받는다.

42 타이어형 굴착기의 주행 전 주의사항으로 틀린 것은?

① 버킷 실린더, 암 실린더를 충분히 눌려 펴서 버킷이 캐리어 상면 높이 위치에 있도록 한다.
② 버킷 레버, 암 레버, 붐 실린더 레버가 움직이지 않도록 잠가둔다.
③ 선회고정 장치는 반드시 풀어 놓는다.
④ 굴착기에 그리스, 오일, 진흙 등이 묻어 있는지 점검한다.

43 타이어식 건설기계에서 전·후 주행이 되지 않을 때 점검하여야 할 곳으로 틀린 것은?

① 타이로드 엔드를 점검한다.
② 변속장치를 점검한다.
③ 유니버설 조인트를 점검한다.
④ 주차 브레이크 잠김 여부를 점검한다.

44 덤프트럭에 상차작업 시 가장 중요한 굴착기의 위치는?

① 선회거리를 가장 짧게 한다.
② 암 작동거리를 가장 짧게 한다.
③ 버킷 작동거리를 가장 짧게 한다.
④ 붐 작동거리를 가장 짧게 한다.

> **해설**
> 덤프트럭에 상차작업을 할 때는 굴착기의 선회거리를 가장 짧게 해야 한다.

45 굴착기 운전 시 작업안전 사항으로 적합하지 않은 것은?

① 스윙하면서 버킷으로 암석을 부딪쳐 파쇄하는 작업을 하지 않는다.
② 안전한 작업 반경을 초과해서 하중을 이동시킨다.
③ 굴착하면서 주행하지 않는다.
④ 작업을 중지할 때는 파낸 모서리로부터 장비를 이동시킨다.

> **해설**
> 굴착기로 작업할 때 작업 반경을 초과해서 하중을 이동시켜서는 안 된다.

46 굴착기 작업 시 진행방향으로 옳은 것은?

① 전진   ② 후진
③ 선회   ④ 우방향

> **해설**
> 굴착기로 작업을 할 때에는 후진시키면서 한다.

47 다음 중 효과적인 굴착작업이 아닌 것은?

① 붐과 암의 각도를 80~110° 정도로 선정한다.
② 버킷 투스의 끝이 암(디퍼스틱)보다 안쪽으로 향해야 한다.
③ 버킷은 의도한 위치에 두고 붐과 암을 계속 변화시키면서 굴착한다.
④ 굴착한 후 암(디퍼스틱)을 오므리면서 붐은 상승위치로 변화시켜 하역 위치로 스윙한다.

> **해설**
> 버킷 투스의 끝이 암(디퍼스틱)보다 바깥쪽으로 향해야 한다.

48 굴착기 작업 시 작업 안전사항으로 틀린 것은?

① 기중작업은 가능한 피하는 것이 좋다.
② 경사지 작업 시 측면절삭을 행하는 것이 좋다.
③ 타이어형 굴착기로 작업 시 안전을 위하여 아웃트리거를 받치고 작업한다.
④ 한쪽 트랙을 들 때에는 암과 붐 사이의 각도는 90~110° 범위로 해서 들어주는 것이 좋다.

> **해설**
> 경사지에서 작업할 때 측면절삭을 해서는 안 된다.

49 절토 작업 시 안전준수 사항으로 잘못된 것은?

① 상부에서 붕괴 낙하 위험이 있는 장소에서 작업은 금지한다.
② 상·하부 동시 작업으로 작업능률을 높인다.
③ 굴착 면이 높은 경우에는 계단식으로 굴착한다.
④ 부석이나 붕괴되기 쉬운 지반은 적절한 보강을 한다.

> **해설**
> 상·하부 동시작업을 해서는 안 된다.

50 경사면 작업 시 전복사고를 유발할 수 행위가 아닌 것은?

① 붐이 탈착된 상태에서 좌우로 스윙할 때
② 작업 반경을 초과한 상태로 작업을 때
③ 붐을 최대 각도로 상승한 상태로 스윙을 할 때
④ 작업 반경을 조정하기 위해 버킷을 높이 들고 스윙할 때

51 도심지 주행 및 작업 시 안전사항과 관계없는 것은?

① 안전표지의 설치
② 매설된 파이프 등의 위치 확인
③ 관성에 의한 선회 확인
④ 장애물의 위치 확인

52 굴착기로 작업 시 작동이 불가능하거나 해서는 안 되는 작동은 다음 중 어느 것인가?

① 굴착하면서 선회한다.
② 붐을 들면서 버킷에 흙을 담는다.
③ 붐을 낮추면서 선회한다.
④ 붐을 낮추면서 굴착한다.

> **해설**
> 굴착기로 작업할 때 굴착하면서 선회를 해서는 안 된다.

53 굴착기 작업방법 중 틀린 것은?

① 버킷으로 옆으로 밀거나 스윙할 때의 충격력을 이용하지 말 것
② 하강하는 버킷이나 붐의 중력을 이용하여 굴착할 것
③ 굴착 부분을 주의 깊게 관찰하면서 작업할 것
④ 과부하를 받으면 버킷을 지면에 내리고 모든 레버를 중립으로 할 것

정답 42 ③ 43 ① 44 ① 45 ② 46 ② 47 ② 48 ② 49 ② 50 ① 51 ③ 52 ① 53 ②

54 굴착기 작업 중 운전자가 지켜야 할 안전수칙으로 틀린 것은?

① 운전석을 떠날 때에는 기관을 정지시켜야 한다.
② 후진작업 시에는 장애물이 없는지 확인한다.
③ 운전자의 시선을 반드시 운전석 조정 판넬을 주시하여야 한다.
④ 붐이나 버킷이 고압선에 닿지 않도록 주의한다.

55 굴착기 작업 중 운전자가 하차 시 주의사항으로 틀린 것은?

① 엔진 정지 후 가속 레버를 최대로 당겨 놓는다.
② 타이어식인 경우 경사지에서 정차 시 고임목을 설치한다.
③ 버킷을 땅에 완전히 내린다.
④ 엔진을 정지시킨다.

⊕해설
엔진 가동을 정지 후 가속 레버는 공회전 위치로 내려놓는다.

56 다음 중 굴착기 정차 및 주차방법으로 틀린 것은?

① 평탄한 지면에 정차시키고 침수지역은 피한다.
② 붐, 암 및 버킷은 최대로 오므리고 레버는 중립위치로 한다.
③ 경사지에서는 트랙 밑에 고임목을 고여 안전하게 한다.
④ 연료를 가득 채우고 각 부분을 청소하고 그리스를 급유한다.

⊕해설
붐, 암 및 버킷은 최대로 펴고 레버는 중립위치로 한 다음 버킷을 지면에 내려놓는다.

57 굴착기를 주차시키고자 할 때의 방법으로 옳지 않은 것은?

① 단단하고 평탄한 지면에 굴착기를 정차시킨다.
② 작업 장치는 굴착기 중심선과 일치시킨다.
③ 유압계통의 압력을 완전히 제거한다.
④ 유압 실린더의 로드(Rod)는 노출시켜 놓는다.

⊕해설
굴착기를 주차시킬 때 유압 실린더 로드를 노출시키지 않도록 한다.

58 굴착기를 크레인 등으로 들어 올릴 때 주의사항으로 틀린 것은?

① 굴착기 중량에 알맞은 크레인을 사용한다.
② 굴착기의 앞부분부터 들리도록 와이어 로프로 묶는다.
③ 와이어 로프는 충분한 강도가 있어야 한다.
④ 배관 등이 와이어 로프에 닿지 않도록 한다.

59 굴착기를 트레일러에 상차하는 방법에 대한 것으로 가장 적합하지 않는 것은?

① 가급적 경사대를 사용한다.
② 트레일러로 운반 시 작업 장치를 반드시 앞쪽으로 한다.
③ 경사대는 10~15° 정도 경사 시키는 것이 좋다.
④ 붐을 이용하여 버킷으로 차체를 들어 올려 탑재하는 방법도 이용되지만 전복의 위험이 있어 특히 주의를 요하는 방법이다.

⊕해설
트레일러로 굴착기를 운반할 때 작업(작업) 장치를 반드시 뒤쪽으로 한다.

60 휠식 굴착기에서 아워 미터의 역할은?

① 엔진 가동시간을 나타낸다.
② 주행거리를 나타낸다.
③ 오일량을 나타낸다.
④ 작동 유량을 나타낸다.

⊕해설
아워 미터(시간계)의 설치목적은 가동시간에 맞추어 예방정비 및 각종 오일교환과 각 부위 주유를 정기적으로 하기 위함이다.

제4장 엔진 구조

1 기관의 개요

1) 기관의 정의

열기관(엔진)이란 열 에너지(연료의 연소)를 기계적 에너지(크랭크축의 회전)로 변환시켜주는 장치이다.

2) 4행정 사이클 디젤기관의 작동과정

① 4행정 사이클 기관은 크랭크축이 2회전 할 때 피스톤은 흡입 → 압축 → 폭발(동력) → 배기의 4행정을 하여 1사이클을 완성한다. 그리고 디젤기관은 공기흡입 → 공기압축 → 연료분사 → 착화연소 → 배기의 순서로 작동한다.

② 피스톤 행정이란 피스톤이 상사점에서 하사점으로 이동한 거리이다.

- 흡입행정(Intake Stroke)

  흡입 밸브는 열리고 배기 밸브는 닫혀있으며 디젤기관에서는 피스톤이 하강함에 따라 실린더 내에는 공기만 흡입한다.

- 압축행정(Compression Stroke)

  흡입과 배기 밸브는 모두 닫혀있다. 디젤기관의 압축비는 15~22 : 1, 압축온도는 500~600℃ 정도이다. 압축비가 높은 이유는 공기의 압축열로 자기 착화시키기 위함이다.

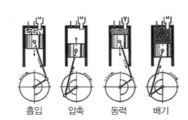

[4행정 사이클 디젤기관의 작동순서]

흡입   압축   동력   배기

- 폭발(동력)행정(Power Stroke)

  - 흡입과 배기 밸브가 모두 닫혀 있으며, 압축행정 말기에 분사 노즐로부터 실린더 내로 연료를 분사하여 연소시켜 동력을 얻는 행정이다.

  - 폭발행정 끝 부분에서 실린더 내의 압력에 의해 배기가스가 배기 밸브를 통해 배출되는 현상을 블로다운(Blow Down)이라 한다.

- 배기행정(Exhaust Stroke)

  배기 밸브가 열리면서 폭발행정에서 일을 한 연소가스를 실린더 밖으로 배출시키는 행정이다.

2 기관본체

1) 실린더 헤드(Cylinder Head)

① 실린더 헤드의 구조

헤드개스킷을 사이에 두고 실린더 블록에 볼트로 설치되며, 피스톤, 실린더와 함께 연소실을 형성한다.

② 디젤기관 연소실

연소실의 종류에는 단실식인 직접분사실식과 복실식인 예연소실식, 와류실식, 공기실식 등이 있으며, 연소실 모양에 따라 기관출력, 열효율, 운전정숙도, 노크 발생 빈도 등이 관계된다.

- 연소실의 구비조건

  - 기관 시동이 쉽고, 노크 발생이 적을 것
  - 분사된 연료를 가능한 한 짧은 시간 내에 완전연소 시킬 것
  - 평균유효 압력이 높고, 연료 소비율이 적을 것
  - 연소실 내의 표면적을 최소화시킬 것
  - 고속회전에서의 연소상태가 좋을 것

- 직접분사식 연소실

  직접분사식 연소실은 피스톤 헤드를 오목하게 하여 연소실을 형성시키며 다공형 분사노즐을 사용한다. 디젤기관의 연소실 중 연료소비율이 낮고 연소압력이 가장 높다.

- 예연소실 연소실

  예연소실식은 연료의 분사압력이 낮아 연료장치의 고장이 적고, 수명이 길며, 사용연료의 변화에 둔감하다.

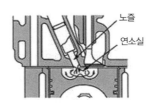 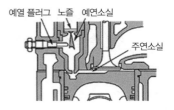

[직접분사실식의 구조]   [예연소실식의 구조]

③ 헤드 개스킷

실린더 헤드와 블록 사이에 삽입하여 압축과 폭발가스의 기밀을 유지하고 냉각수와 기관오일이 누출되는 것을 방지한다. 구비조건은 다음과 같다.

- 냉각수 및 기관오일이 새지 않을 것
- 내열성과 내압성이 클 것
- 기밀유지성이 클 것
- 복원성이 있고, 강도가 적당할 것

2) 실린더 블록(Cylinder Block)

① 일체식 실린더

실린더 블록과 같은 재질로 실린더를 일체로 제작한 것이다. 특징은 강성 및 강도가 크고 냉각수 누출 우려가 적으며, 부품 수가 적고 무게가 가볍다.

② 실린더 라이너

실린더 블록과 라이너(실린더)를 별도로 제작한 후 라이너를 실린더 블록에 끼우는 형식으로 습식과 건식이 있다.

- 습식 라이너(Wet Type Liner)

  냉각수가 라이너 바깥둘레에 직접접촉하는 형식이며, 정비할 때

[라이너의 종류]

라이너 교환이 쉽고, 냉각효과가 좋은 장점이 있으나 크랭크 케이스에 냉각수가 들어갈 우려가 있다.

- 건식 라이너(Dry Type Liner)
  냉각수가 직접 라이너와 접촉하지 않고 실린더 블록을 거쳐 냉각되는 형식으로 두께는 2~4mm 정도로 비교적 얇다.

③ 실린더 벽의 마모 경향
  실린더 벽의 마모 경향은 실린더 윗부분(상사점 부근)에서 가장 크다.

3) 피스톤(Piston)

① 피스톤의 구비조건
- 무게가 가볍고 고온·고압가스에 충분히 견딜 수 있을 것
- 열팽창률이 적고, 열전도율이 클 것
- 블로바이(Blow By)가 없을 것

② 피스톤 간극
- 피스톤 간극이 작으면
  기관 작동 중 열팽창으로 인해 실린더와 피스톤 사이에서 고착(소결)이 발생한다.
- 피스톤 간극이 크면
  - 압축압력이 낮아진다.
  - 기관오일이 연소실에 유입되어 오일 소비가 많아진다.
  - 연료가 기관오일에 떨어져 희석되어 오일의 수명이 단축된다.
  - 피스톤 슬랩이 발생한다.
  - 기관 시동성능 저하 및 출력이 감소한다.

4) 피스톤 링(Piston Ring)

① 피스톤 링의 종류
  피스톤 링의 종류에는 압축 링과 오일 링이 있다. 피스톤 링이 마모되면 크랭크 케이스 내에 블로바이 현상으로 인한 미연소 가스 및 연소가스가 많아진다.

② 피스톤 링의 작용
- 기밀작용(밀봉작용)
- 오일 제어 작용(실린더 벽의 오일 긁어내리기 작용)
- 열전도 작용(냉각작용)

③ 피스톤 링의 구비조건
- 열팽창률이 적고, 고온에서도 탄성을 유지할 수 있을 것
- 실린더 벽에 동일한 압력을 가할 것
- 오랫동안 사용하여도 피스톤 링 자체나 실린더 마모가 적을 것
- 재질은 실린더 벽 재질보다 다소 경도가 낮을 것

5) 크랭크축(Crank Shaft)

피스톤의 직선운동을 회전운동으로 변환시키는 장치이며, 메인저널, 크랭크 핀, 크랭크 암 그리고 밸런스 웨이트(평형추) 등으로 되어있다. 4실린더 기관은 크랭크축의 위상각이 180°이고 5개의 메인 베어링에 의해 크랭크 케이스에 지지된다.

[크랭크축의 구조]

6) 플라이 휠(Fly Wheel)

기관의 맥동적인 회전을 관성력을 이용하여 원활한 회전으로 바꾸어

주는 역할을 하며, 실린더 내에서 폭발이 일어나면 피스톤 → 커넥팅 로드 → 크랭크축 → 플라이 휠(클러치) 순서로 전달된다.

7) 밸브 기구(Valve Train)

① 캠축과 캠(Cam Shaft & Cam)
  기관의 밸브 수와 같은 캠이 배열된 축으로 흡입 및 배기 밸브를 개폐시키는 작용을 한다. 4행정 사이클 기관의 크랭크축 기어와 캠축 기어의 지름비율은 1:2이고 회전 비율은 2:1이다.

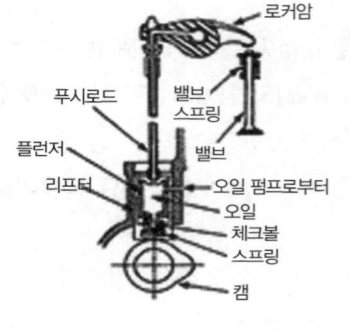

[유압방식 밸브 리프터의 구조]

② 유압식 밸브 리프터의 특징
- 밸브 간극 조정이 자동으로 조절된다.
- 밸브 개폐 시기가 정확하다.
- 밸브기구의 내구성이 좋다.
- 밸브기구의 구조가 복잡하다.
- 윤활장치가 고장이 나면 기관의 작동이 정지된다.

③ 밸브(Valve)
- 밸브의 구비조건
  - 열에 대한 팽창률이 작을 것
  - 무게가 가볍고, 고온가스에 견디며, 고온에 잘 견딜 것
  - 열에 대한 저항력이 크고, 열 전도율이 좋을 것

3 연료장치

1) 디젤기관 연료

① 디젤기관 연료의 구비조건
- 연소 속도가 빠르고, 자연발화점이 낮을 것(착화가 용이할 것)
- 카본의 발생이 적을 것
- 세탄가가 높고, 발열량이 클 것
- 적당한 점도를 지니며, 온도 변화에 따른 점도변화가 적을 것

② 연료의 착화성
  디젤기관 연료(경유)의 착화성은 세탄가로 표시한다.

③ 디젤기관의 연소과정
  디젤기관은 착화 지연 기간 → 화염 전파 기간 → 직접 연소 기간 → 후기 연소 기간으로 이루어져 있다.

2) 디젤기관의 노크(노킹)

착화 지연 기간이 길어져 연소실에 누적된 연료가 많아 일시에 연소되어 실린더 내의 압력이 급격하게 상승하여 발생하는 현상이다.

① 디젤기관 노크의 원인
- 착화 지연 기간이 길고, 연료의 세탄가가 낮다.
- 연소실과 실린더의 온도, 분사압력이 낮다.

- 흡기온도 및 압축압력 · 압축비가 낮다.
- 착화 지연 기간 중 연료 분사량이 많다.
- 분사노즐의 분무상태가 불량하다.

② 디젤기관의 노크 방지방법
- 압축압력과 온도 및 압축비를 높인다.
- 흡기압력과 온도, 실린더 벽의 온도를 높인다.
- 세탄가가 높은 연료(착화점이 낮은)를 사용한다.
- 착화 지연 기간을 짧게 한다.

3) 디젤기관 연료장치(분사 펌프 사용)의 구조와 작용

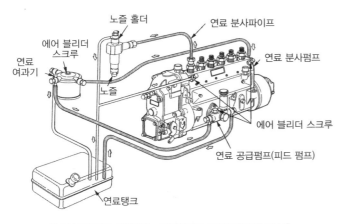

[분사 펌프를 사용하는 디젤기관 연료장치의 구성]

① 연료탱크(Fuel Tank)
겨울철에는 공기 중의 수증기가 응축하여 물이 되어 들어가므로 작업 후 연료를 탱크에 가득 채워 두어야 한다.

② 연료 여과기(Fuel Filter)
연료 중의 수분 및 불순물을 걸러주며, 오버플로 밸브의 기능은 다음과 같다.
- 연료 여과기 엘리먼트를 보호한다.
- 연료 공급 펌프의 소음 발생을 방지한다.
- 연료계통의 공기를 배출한다.

③ 연료 공급 펌프(Fuel Feed Pump)
연료탱크 내의 연료를 연료 여과기를 거쳐 분사 펌프의 저압부분으로 공급하며, 연료계통의 공기빼기 작업에 사용하는 프라이밍 펌프(Priming Pump)를 두고 있다.
- 연료장치의 공기빼기
  - 연료장치에 공기가 흡입되면 기관회전이 불량해진다. 즉 기관이 부조를 일으킨다.
  - 공기를 빼는 순서는 연료 공급 펌프 → 연료 여과기 → 분사 펌프이다.
  - 공기빼기 작업은 연료탱크 내의 연료가 결핍되어 보충한 경우, 연료 호스나 파이프 등을 교환한 경우, 연료 여과기의 교환, 분사 펌프를 탈 · 부착한 경우 등에 한다.

④ 분사 펌프(Injection Pump)의 구조
연료공급펌프에서 보내준 저압의 연료를 압축하여 분사순서에 맞추어 고압의 연료를 분사노즐로 압송시키는 것으로 조속기와 분사시기를 조절하는 장치가 설치되어 있다.
- 분사 펌프 캠축(Cam Shaft)
  분사 펌프 캠축은 기관의 크랭크축 기어로 구동되며, 4행정 사이클 기관은 크랭크축의 1/2로 회전한다.
- 플런저 배럴과 플런저
  플런저 배럴 속을 플런저가 상하 미끄럼 운동하여 고압의 연료

를 형성하는 부분이며, 플런저 유효행정을 크게 하면 연료 분사량이 증가한다.
- 딜리버리 밸브
  딜리버리 밸브는 연료의 역류 방지, 후적 방지, 잔압을 유지시킨다.
- 조속기(거버너) 기능
  - 기관의 회전속도나 부하의 변동에 따라 연료 분사량을 조정하는 장치이다.
  - 연료 분사량이 일정하지 않고, 차이가 많으면 연소 폭발음의 차이가 있으며 기관은 부조(진동)를 하게 된다.
- 타이머(Timer, 분사시기 조절장치)
  기관 회전속도 및 부하에 따라 연료 분사시기를 변화시키는 장치이다.

⑤ 분사노즐(Injection Nozzle, 인젝터)
- 분사노즐의 개요
  - 분사 펌프에서 보내온 고압의 연료를 미세한 안개 모양으로 연소실 내에 분사한다.
  - 밀폐형 노즐의 종류에는 구멍형(직접 분사식에서 사용), 핀틀형 및 스로틀형이 있다.
  - 연료분사의 3대 조건은 무화(안개 모양), 분산(분포), 관통력이다.
- 분사노즐의 구비조건
  - 분무를 연소실의 구석구석까지 뿌려지게 할 것
  - 연료를 미세한 안개 모양으로 쉽게 착화하게 할 것
  - 고온 · 고압의 가혹한 조건에서 장기간 사용할 수 있을 것
  - 연료의 분사 끝에서 후적이 일어나지 말 것

4) 전자제어 디젤기관 연료장치(커먼레일 방식)

① 전자제어 디젤기관용 센서
- 공기유량 센서(AFS ; Air Flow Sensor) : 열막(Hot Film) 방식을 사용하며 이 센서의 주 기능은 EGR(배기가스 재순환) 피드백 제어이다. 또 다른 기능은 스모그 리미트 부스트 압력 제어(매연 발생을 감소시키는 제어)이다.
- 흡기온도 센서(ATS ; Air Temperature Sensor) : 부특성 서미스터를 사용하며, 이 센서의 신호는 각종 제어(연료 분사량, 분사시기, 시동할 때 연료 분사량 제어 등)의 보정신호로 사용된다.
- 연료온도 센서(FTS ; Fuel Temperature Sensor) : 부특성 서미스터를 사용하며, 이 센서의 신호는 연료온도에 따른 연료 분사량 보정신호로 사용된다.
- 수온 센서(WTS ; Water Temperature Sensor) : 부특성 서미스터를 사용하고, 이 센서의 신호는 기관온도에 따른 연료 분사량을 증감하는 보정신호로 사용되며, 기관의 온도에 따른 냉각 팬 제어신호로도 사용된다.
- 크랭크축 위치센서(CPS ; Crank Position Sensor) : 이 센서는 크랭크축의 각도 및 피스톤의 위치, 기관 회전속도 등을 검출한다.
- 가속페달 위치센서(APS ; Accelerator Sensor) : 운전자의 의지를 컴퓨터로 전달하는 센서이다. 센서 1에 의해 연료 분사량과 분사시기가 결정되며, 센서 2는 센서 1을 감시하는 기능으로 차량의 급출발을 방지하기 위한 것이다.
- 연료압력 센서(RPS ; Rail Pressure Sensor) : 반도체 피에조 소자를 사용하며, 이 센서의 신호를 받아 ECU는 연료 분사량 및 분사시기 조정신호로 사용한다.

② 전자제어 디젤기관의 연료장치

- 저압연료 펌프 : 연료펌프 릴레이로부터 전원을 공급받아 고압 연료 펌프로 연료를 압송한다.
- 연료 여과기 : 연료 속의 수분 및 이물질을 여과하며, 연료가열 장치가 설치되어 있어 겨울철에 냉각된 기관을 시동할 때 연료를 가열한다.
- 고압연료펌프 : 저압연료 펌프에서 공급된 연료를 약 1,350bar의 높은 압력으로 압축하여 커먼레일로 공급하며, 압력 제어 밸브가 부착되어 있다.
- 커먼레일(Common Rail) : 고압연료펌프에서 공급된 연료를 각 실린더의 인젝터로 분배한다.
- 압력제한 밸브 : 커먼레일에 설치되어 있으며 커먼레일 내의 연료압력이 규정 값보다 높아지면 열려 연료의 일부를 연료탱크로 복귀시킨다.
- 인젝터 : 고압의 연료를 컴퓨터의 전류제어를 통하여 연소실에 미립형태로 분사한다.

③ 연료압력이 낮은 원인

- 연료보유량이 부족하다.
- 연료펌프의 공급압력이 누설되었다.
- 연료압력 레귤레이터에 있는 밸브의 밀착이 불량하여 리턴포트 쪽으로 연료가 누설되었다.
- 연료펌프 및 연료펌프 내의 체크 밸브의 밀착이 불량하다.
- 연료압력 조절기 밸브의 밀착이 불량하다.

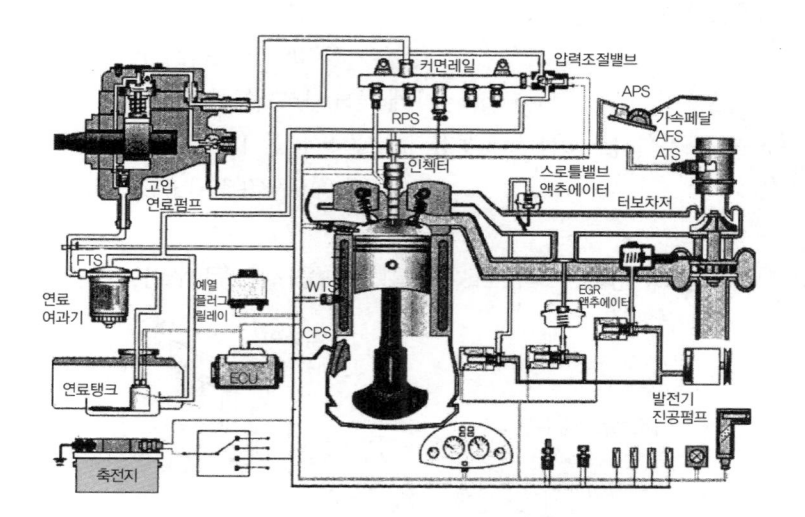

[전자제어 디젤기관의 구성]

4 냉각장치

1) 냉각장치의 개요

기관의 정상적인 작동온도는 실린더 헤드 물재킷 내의 온도로 나타내며 약 75~95℃이다.

2) 수랭식 기관의 냉각방식

① 자연 순환방식 : 냉각수를 대류에 의해 순환시켜 냉각한다.
② 강제 순환방식 : 물 펌프로 실린더 헤드와 블록에 설치된 물재킷 내에 냉각수를 순환시켜 냉각한다.
③ 압력 순환방식 : 냉각계통을 밀폐시키고, 냉각수가 가열되어 팽창할 때의 압력이 냉각수에 압력을 가하여 냉각수의 비등점을 높여 비등에 의한 손실을 감소시킨다.
④ 밀봉 압력방식 : 라디에이터 캡을 밀봉시킨 후 냉각수의 팽창과

맞먹는 크기의 보조 물탱크를 설치하고 냉각수가 팽창하였을 때 외부로 배출되지 않도록 한다.

3) 수랭식의 주요 구조와 그 기능

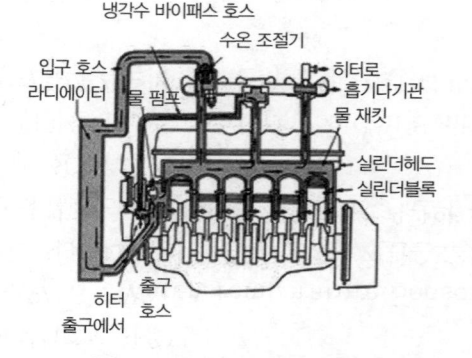

[수랭식 냉각장치의 구성]

① 물재킷(Water Jacket)
실린더 헤드 및 블록에 일체 구조로 된 냉각수가 순환하는 물 통로이다.
② 물 펌프(Water Pump)
팬 벨트를 통하여 크랭크축에 의해 구동되며, 실린더 헤드 및 블록의 물재킷 내로 냉각수를 순환시키는 원심력 펌프이다.
③ 냉각 팬(Cooling Fan)
냉각 팬이 회전할 때 공기가 불어가는 방향은 라디에이터(방열기) 방향이며, 전동 팬의 특징은 다음과 같다.
- 정상온도 이하에서는 작동하지 않고 과열일 때 작동한다.
- 팬 벨트가 필요 없고, 기관의 시동여부에 관계없이 냉각수 온도에 따라 작동한다.
④ 팬 벨트(Drive Belt or Fan Belt)
크랭크축 풀리, 발전기 풀리, 물 펌프 풀리 등을 연결 구동하며, 팬 벨트는 각 풀리의 양쪽 경사진 부분에 접촉되어야 한다.
- 팬 벨트 장력 점검
기관이 정지된 상태에서 벨트의 중심을 엄지손가락으로 눌러서 점검한다.
- 팬 벨트 장력이 너무 크면(팽팽하면)
물 펌프 및 발전기 풀리의 베어링 마멸이 촉진된다.
- 팬 벨트 장력이 너무 작으면(헐거우면)
  - 물 펌프 회전속도가 느려 기관이 과열되기 쉽다.
  - 발전기의 출력이 저하된다.
  - 소음이 발생하며, 팬 벨트의 손상이 촉진된다.
⑤ 라디에이터(Radiator, 방열기)
- 라디에이터의 구비조건
  - 단위면적 당 방열량이 클 것
  - 가볍고 작으며, 강도가 클 것
  - 냉각수 흐름 저항이 적을 것
  - 공기 흐름 저항이 적을 것
- 방열기에 연결된 보조탱크의 역할
  - 냉각수의 체적팽창을 흡수한다.
  - 오버플로(Over Flow) 되어도 증기만 방출된다.
  - 장기간 냉각수 보충이 필요 없다.
- 라디에이터 캡(Radiator Cap)
냉각장치 내의 비등점(비점)을 높이고, 냉각 범위를 넓히기 위하여 압력식 캡을 사용하며, 압력 밸브와 진공 밸브로 되어있다.
  - 냉각장치 내부압력이 규정보다 높을 때 압력 밸브가 열린다.

– 압력 밸브의 주작용은 냉각수의 비등점을 상승시키는 것이므로 압력 밸브 스프링이 파손되거나 장력이 약해지면 비등점이 낮아져 기관이 과열되기 쉽다.

– 냉각장치 내부압력이 부압이 되면(내부압력이 규정보다 낮을 때) 진공 밸브가 열린다.

⑥ 수온조절기(정온기, Thermostat)

실린더 헤드 물재킷 출구부분에 설치되어 냉각수 온도에 따라 냉각수 통로를 개폐하여 기관의 온도를 알맞게 유지한다. 종류에는 펠릿형, 벨로즈형, 바이메탈형이 있으나 현재는 펠릿형 만을 사용한다. 수온조절기가 열린 상태로 고장 나면 기관이 과냉하기 쉽고, 닫힌 상태로 고장 나면 과열하고, 열림 온도가 낮으면 엔진의 워밍업 시간이 길어지기 쉽다.

⑦ 냉각수 경고등

냉각수량이 부족할 때, 냉각계통의 물 호스가 파손되었을 때, 라디에이터 캡이 열린 채 운행하였을 때 점등된다. 경고등이 점등되면 작업을 중지하고 냉각수량 점검 및 냉각계통의 정비를 받는다.

4) 부동액

메탄올(알코올), 글리세린 에틸렌글리콜이 있으며, 에틸렌글리콜을 주로 사용한다. 부동액이 구비조건은 다음과 같다.

① 비등점이 물보다 높고, 빙점(응고점)은 물보다 낮을 것
② 휘발성이 없고, 순환이 잘 될 것
③ 물과 혼합이 잘되고, 침전물이 없을 것
④ 부식성이 없고, 팽창계수가 적을 것

5) 수랭식 기관의 과열원인

① 팬 벨트의 장력이 적거나 파손되었다.
② 냉각 팬이 파손되었다.
③ 라디에이터 호스가 파손되었다.
④ 라디에이터 코어가 20% 이상 막혔다.
⑤ 라디에이터 코어가 파손되었거나 오손되었다.
⑥ 물 펌프의 작동이 불량하다.
⑦ 수온조절기(정온기)가 닫힌 채 고장이 났다.
⑧ 수온조절기가 열리는 온도가 너무 높다.
⑨ 물재킷 내에 스케일(물때)이 많이 쌓여 있다.
⑩ 냉각수 양이 부족하다.

5 윤활장치

1) 기관오일의 작용과 구비조건

① 기관오일의 작용
• 마찰감소 · 마멸방지 및 밀봉(기밀)작용
• 열전도(냉각)작용 및 세척(청정)작용
• 완충(응력분산)작용 및 부식방지(방청)작용

② 기관오일의 구비조건
• 점도지수가 커 온도와 점도와의 관계가 적당할 것
• 인화점 및 자연발화점이 높을 것
• 강인한 유막을 형성할 것
• 응고점이 낮고 비중과 점도가 적당할 것
• 기포발생 및 카본생성에 대한 저항력이 클 것

③ 오일의 점도와 점도지수
• 점도 : 오일의 가장 중요한 성질이다.
• 점도지수 : 오일은 온도가 상승하면 점도가 낮아지고, 온도가 낮아지면 점도가 높아지는 성질이 있는데 이 변화 정도를 표시하는 것이며, 점도지수가 높은 오일일수록 점도변화가 적다.

2) 기관오일의 분류

① SAE(미국 자동차 기술협회) 분류

SAE 번호로 오일의 점도를 표시하며, 번호가 클수록 점도가 높다.
• 겨울용 기관오일
겨울에는 기관오일의 유동성이 떨어지기 때문에 점도가 낮아야 한다. SAE #5W, 10W, 20W, 10, 20을 사용한다.
• 봄 · 가을용 기관오일
봄 · 가을용은 겨울용보다는 점도가 높고, 여름용보다는 점도가 낮다. SAE # 30을 사용한다.
• 여름용 기관오일
여름용은 기온이 높기 때문에 기관오일의 점도가 높아야 한다. SAE # 40, 50을 사용한다.
• 범용 기관오일(다급 기관오일)
저온에서 기관이 시동될 수 있도록 점도가 낮고, 고온에서도 기능을 발휘할 수 있다.

② API(미국 석유협회) 분류

가솔린 기관용(ML, MM, MS)과 디젤기관용(DG, DM, DS)으로 구분된다.

3) 4행정 사이클 기관의 윤활방식

① 비산식 : 오일펌프가 없으며, 커넥팅 로드 대단부에 부착한 주걱(Oil Dipper)으로 오일 팬 내의 오일을 크랭크축이 회전할 때의 원심력으로 퍼 올려 뿌려준다.
② 압송식 : 캠축으로 구동되는 오일펌프로 오일을 흡입, 가압하여 각 윤활 부분으로 보낸다.
③ 비산 압송식 : 비산식과 압송식을 조합한 것이다.

4) 윤활장치의 구성부품

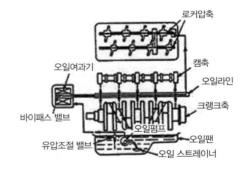

[윤활장치의 구성]

① 오일 팬(Oil Pan) – 아래 크랭크 케이스

기관오일 저장용기이며, 냉각작용도 한다. 내부에 섬프(Sump)와 격리판(배플)이 설치되어 있고, 외부에는 오일 배출용 드레인 플러그가 있다.

② 오일 스트레이너(Oil Strainer)

오일펌프로 들어가는 오일을 유도하는 부품이며, 철망으로 제작하여 비교적 큰 입자의 불순물을 여과한다.

③ 오일펌프(Oil Pump)

기관이 가동되어야 작동하며, 오일 팬 내의 오일을 흡입 가압하여

오일 여과기를 거쳐 각 윤활 부분으로 공급한다. 종류에는 기어 펌프, 로터리 펌프, 플런저 펌프, 베인 펌프 등이 있다.

④ 오일 여과기(Oil Filter)
- 오일 여과기의 기능
  윤활장치 내를 순환하는 불순물을 제거하며, 기관오일을 1회 교환할 때 1회 교환한다.
- 오일 여과방식
  분류식, 샨트식, 전류식 등이 있다. 전류식(Full-Flow Filter)은 오일펌프에서 나온 오일이 여과기를 거쳐서 여과된 후 윤활 부분으로 가는 방식이다. 또 오일 여과기가 막히는 것에 대비하여 여과기 내에 바이패스 밸브를 둔다.

⑤ 유압 조절 밸브(Oil Pressure Relief Valve)
유압이 과도하게 상승하는 것을 방지하여 유압을 일정하게 유지시킨다.
- 유압이 높아지는 원인
  – 기관오일의 점도가 지나치게 높다.
  – 윤활회로의 일부가 막혔다.
  – 유압 조절 밸브(릴리프 밸브) 스프링의 장력이 과다하다.
  – 유압 조절 밸브가 닫힌 채로 고착되었다.
- 유압이 낮아지는 원인
  – 오일 팬 내에 오일이 부족하다.
  – 크랭크축 오일 틈새가 크다.
  – 오일펌프가 불량하다.
  – 유압 조절 밸브가 열린 상태로 고장 났다.
  – 각부의 마모가 심하다.
  – 기관 오일에 경유가 혼입되었다.
  – 커넥팅 로드 대단부 베어링과 핀 저널의 간극이 크다.

⑥ 기관 오일량 점검방법
- 건설기계를 평탄한 지면에 주차시킨다.
- 기관을 시동하여 난기운전(워밍업)시킨 후 기관을 정지한다.
- 유면 표시기를 빼어 묻은 오일을 깨끗이 닦은 후 다시 끼운다.
- 다시 유면 표시기를 빼어 오일이 묻은 부분이 "F"와 "L"선의 중간 이상에 있으면 된다.
- 오일량을 점검할 때 점도도 함께 점검한다.

6 흡 · 배기장치 및 과급기

1) 공기청정기(Air Cleaner)

흡입공기 중의 먼지 등의 여과와 흡입공기의 소음을 감소시키며, 통기저항이 크면 기관의 출력이 저하되고, 연료 소비에 영향을 준다. 공기청정기가 막히면 배기가스 색은 검은색이 배출되며, 출력은 저하된다.

2) 과급기(터보차저)

주유구멍　디퓨저　송풍기
터빈 케이스
터빈
흡입다기관에
송풍기 케이스
베어링
배기가스　노즐 링　베어링 케이스
배기다기관으로부터

[과급기의 구조]

① 과급기의 개요
과급기는 터보차저라고도 부르며, 흡기관과 배기관 사이에 설치되어 기관의 실린더 내에 공기를 압축하여 공급하는 장치이다. 과급기를 설치하면 기관의 중량은 10~15% 정도 증가되고, 출력은 35~45% 정도 증가한다.

② 과급기의 작동
- 배기가스가 터빈을 회전시키면 공기가 흡입되어 디퓨저에 들어간다.
- 디퓨저에서는 공기의 속도 에너지가 압력 에너지로 바뀌게 된다.
- 과급기(터보차저)는 기관의 배기가스에 의해 구동되며, 기관오일이 공급된다.
- 인터쿨러는 과급기가 설치된 디젤기관에서 급기온도를 낮추어 배출가스를 저감시키는 장치이다.

1 디젤기관의 특성으로 가장 거리가 먼 것은?

① 연료소비율이 적고 열효율이 높다.
② 예열 플러그가 필요 없다.
③ 연료의 인화점이 높아서 화재의 위험성이 적다.
④ 전기 점화장치가 없어 고장률이 적다.

⊕ 해설
디젤기관은 겨울철 시동보조 장치로 예열 플러그를 필요로 한다.

2 4행정 사이클 엔진은 피스톤이 흡입 → 압축 → 폭발 → 배기의 4행정을 하면서 1사이클을 완료하며 크랭크축은 몇 회전 하는가?

① 2회전   ② 3회전
③ 1회전   ④ 4회전

⊕ 해설
4행정 사이클 기관은 크랭크축이 2회전하고, 피스톤은 흡입 → 압축 → 폭발(동력) → 배기의 4행정을 하여 1사이클을 완성한다.

3 4행정 사이클 기관의 행정순서로 맞는 것은?

① 압축 → 동력 → 흡입 → 배기
② 흡입 → 동력 → 압축 → 배기
③ 압축 → 흡입 → 동력 → 배기
④ 흡입 → 압축 → 동력 → 배기

4 디젤기관의 압축비가 높은 이유는?

① 연료의 무화를 양호하게 하기 위하여
② 공기의 압축열로 착화시키기 위하여
③ 기관과열과 진동을 적게 하기 위하여
④ 연료의 분사를 높게 하기 위하여

⊕ 해설
디젤기관은 공기의 압축열로 자기 착화시키기 위해 압축비가 높다.

5 배기행정 초기에 배기 밸브가 열려 실린더 내의 연소가스가 스스로 배출되는 현상은?

① 피스톤 슬랩   ② 블로 바이
③ 블로 다운   ④ 피스톤 행정

⊕ 해설
블로 다운이란 배기행정 초기에 실린더 내의 압력에 의해서 배기가스가 배기 밸브를 통해 스스로 배출되는 현상이다.

6 2행정 사이클 디젤기관의 흡입과 배기행정에 관한 설명으로 틀린 것은?

① 압력이 낮아진 나머지 연소가스가 압출되어 실린더 내는 와류를 동반한 새로운 공기로 가득 차게 된다.
② 연소가스가 자체의 압력에 의해 배출되는 것을 블로 바이라고 한다.

③ 동력행정의 끝 부분에서 배기 밸브가 열리고 연소가스가 자체의 압력으로 배출이 시작된다.
④ 피스톤이 하강하여 소기포트가 열리면 예압된 공기가 실린더 내로 유입된다.

⊕ 해설
연소가스가 자체의 압력에 의해 배출되는 것을 블로 다운이라고 한다.

7 디젤기관에서 실화할 때 나타나는 현상으로 옳은 것은?

① 기관이 과냉한다.
② 기관회전이 불량해진다.
③ 연료소비가 감소한다.
④ 냉각수가 유출된다.

⊕ 해설
실화가 발생하면 기관의 회전이 불량해진다.

8 보기에 나타낸 것은 기관에서 어느 구성품을 형태에 따라 구분한 것인가?

[보기]
직접분사식, 예연소실식, 와류실식, 공기실식

① 연료분사 장치
② 연소실
③ 기관구성
④ 동력 전달 장치

⊕ 해설
단실식인 직접분사식과 복실식인 예연소실식, 와류실식, 공기실식 등으로 나누어진다.

9 실린더 헤드와 블록 사이에 삽입하여 압축과 폭발가스의 기밀을 유지하고 냉각수와 엔진오일이 누출되는 것을 방지하는 역할을 하는 것은?

① 헤드 워터 재킷
② 헤드 볼트
③ 헤드 오일 통로
④ 헤드 개스킷

⊕ 해설
헤드 개스킷은 실린더 헤드와 블록 사이에 삽입하여 압축과 폭발가스의 기밀을 유지하고 냉각수와 엔진오일이 누출되는 것을 방지한다.

10 실린더 헤드 개스킷이 손상되었을 때 일어나는 현상으로 가장 옳은 것은?

① 엔진오일의 압력이 높아진다.
② 피스톤 링의 작동이 느려진다.
③ 압축압력과 폭발압력이 낮아진다.
④ 피스톤이 가벼워진다.

⊕ 해설
헤드 개스킷이 손상되면 압축압력과 폭발압력이 낮아진다.

정답 1 ② 2 ① 3 ④ 4 ② 5 ③ 6 ② 7 ② 8 ② 9 ④ 10 ③

11 실린더의 내경이 행정보다 작은 기관을 무엇이라고 하는가?

① 스퀘어 기관
② 단행정 기관
③ 장행정 기관
④ 정방행정 기관

해설

실린더 내경과 행정비율에 의한 분류
· 장행정 기관 : 실린더 내경(D) 보다 피스톤 행정(L)이 큰 형식이다.
· 스퀘어 기관 : 실린더 내경(D)과 피스톤 행정(L)의 크기가 똑같은 형식이다.
· 단행정 기관 : 실린더 내경(D)이 피스톤 행정(L)보다 큰 형식이다.

12 실린더 라이너(Cylinder Liner)에 대한 설명으로 틀린 것은?

① 종류는 습식과 건식이 있다.
② 일명 슬리브(Sleeve)라고도 한다.
③ 냉각효과는 습식보다 건식이 더 좋다.
④ 습식은 냉각수가 실린더 안으로 들어갈 염려가 있다.

해설

습식 라이너는 냉각수가 라이너 바깥둘레에 직접 접촉하는 형식이며, 정비작업을 할 때 라이너 교환이 쉽고 냉각효과가 좋으나, 크랭크 케이스로 냉각수가 들어갈 우려가 있다.

13 기관의 피스톤이 고착되는 원인으로 틀린 것은?

① 냉각수량이 부족할 때
② 기관 오일이 부족하였을 때
③ 기관이 과열되었을 때
④ 압축압력이 너무 높을 때

해설

피스톤이 고착되는 원인은 피스톤 간극이 적을 때, 기관 오일이 부족할 때, 기관이 과열되었을 때, 냉각수량이 부족할 때 등이다.

14 피스톤과 실린더 사이의 간극이 너무 클 때 일어나는 현상은?

① 실린더의 소결
② 압축압력 증가
③ 기관 출력 향상
④ 윤활유 소비량 증가

해설

피스톤 간극이 너무 크면 피스톤 링의 기능저하로 인하여 오일이 연소실에 유입되어 오일 소비가 많아진다.

15 디젤기관의 피스톤 링이 마멸되었을 때 발생되는 현상은?

① 엔진오일의 소모가 증대된다.
② 폭발압력의 증가 원인이 된다.
③ 피스톤 평균속도가 상승한다.
④ 압축비가 높아진다.

해설

피스톤 링이 마모되면 기관오일의 소모가 증대되며 이때 배기가스 색이 회백색이 된다.

16 내연기관의 동력 전달 순서가 맞는 것은?

① 피스톤 → 커넥팅 로드 → 플라이 휠 → 크랭크축
② 피스톤 → 커넥팅 로드 → 크랭크축 → 플라이 휠
③ 피스톤 → 크랭크축 → 커넥팅 로드 → 플라이 휠
④ 피스톤 → 크랭크축 → 플라이 휠 → 커넥팅 로드

해설

실린더 내에서 폭발이 일어나면 피스톤 → 커넥팅 로드 → 크랭크축 → 플라이 휠(클러치)순서로 전달된다.

17 유압식 밸브 리프터의 장점이 아닌 것은?

① 밸브 간극 조정은 자동으로 조절된다.
② 밸브 개폐 시기가 정확하다.
③ 밸브 구조가 간단하다.
④ 밸브기구의 내구성이 좋다.

해설

유압식 밸브 리프터는 밸브기구의 구조가 복잡하다.

18 기관의 밸브 간극이 너무 클 때 발생하는 현상에 관한 설명으로 올바른 것은?

① 정상온도에서 밸브가 확실하게 닫히지 않는다.
② 밸브 스프링의 장력이 약해진다.
③ 푸시로드가 변형된다.
④ 정상온도에서 밸브가 완전히 개방되지 않는다.

해설

밸브 간극이 너무 크면 소음이 발생하며, 정상온도에서 밸브가 완전히 개방되지 않는다.

19 기관의 밸브 오버랩을 두는 이유로 가장 적합한 것은?

① 밸브 개폐를 쉽게 하기 위해
② 압축압력을 높이기 위해
③ 흡입효율 증대를 위해
④ 연료소모를 줄이기 위해

해설

밸브 오버랩이란 피스톤의 상사점 부근에서 흡·배기 밸브가 동시에 열려 있는 상태이다. 오버랩을 두는 이유는 흡입효율을 증대시키기 위함이다.

20 건설기계 기관의 압축압력 측정방법으로 틀린 것은?

① 습식시험을 먼저하고 건식시험을 나중에 한다.
② 배터리의 충전상태를 점검한다.
③ 기관을 정상온도로 작동시킨다.
④ 기관의 분사노즐(또는 점화플러그)은 모두 제거한다.

해설

습식시험이란 건식시험을 한 후 밸브 불량, 실린더벽 및 피스톤 링, 헤드 개스킷 불량 등의 상태를 판단하기 위하여 다시 하는 시험이다.

21 다음 중 연료장치에서 희박한 혼합비가 기관에 미치는 영향으로 옳은 것은?

① 저속 및 공전이 원활하다.
② 연소속도가 빠르다.
③ 출력(동력)의 감소를 가져온다.
④ 시동이 쉬워진다.

해설

혼합비가 희박하면 기관 시동이 어렵고, 저속운전이 불량해지며, 연소속도가 느려 기관의 출력이 저하한다.

22 착화 지연 기간이 길어져 실린더 내에 연소 및 압력상승이 급격하게 일어나는 현상은?

① 디젤 노크
② 조기점화
③ 가솔린 노크
④ 정상연소

해설
디젤 노크는 착화 지연 기간이 길어져 실린더 내의 연소 및 압력상승이 급격하게 일어나는 현상이다.

23 디젤엔진의 연료탱크에서 분사노즐까지 연료의 순환 순서로 맞는 것은?

① 연료탱크→연료공급펌프→분사 펌프→연료필터→분사노즐
② 연료탱크→연료필터→분사 펌프→연료공급펌프→분사노즐
③ 연료탱크→연료공급펌프→연료필터→분사 펌프→분사노즐
④ 연료탱크→분사 펌프→연료필터→연료공급펌프→분사노즐

해설
연료공급 순서는 연료탱크 → 연료공급펌프 → 연료필터 → 분사 펌프 → 분사노즐이다.

24 디젤기관의 연료 여과기에 장착되어 있는 오버플로 밸브의 역할로 가장 관련이 없는 것은?

① 연료계통의 공기를 배출한다.
② 연료공급펌프의 소음 발생을 방지한다.
③ 연료필터 엘리먼트를 보호한다.
④ 분사 펌프의 압송압력을 높인다.

해설
오버플로밸브 기능은 운전 중 연료계통의 공기를 배출하고, 연료공급펌프의 소음발생을 방지하며, 연료필터 엘리먼트를 보호한다.

25 디젤기관 연료장치 내에 있는 공기를 배출하기 위하여 사용하는 펌프는?

① 인젝션 펌프   ② 연료 펌프
③ 프라이밍 펌프   ④ 공기 펌프

해설
프라이밍 펌프는 연료공급펌프에 설치되어 있으며, 분사 펌프로 연료를 보내거나 연료계통의 공기를 배출할 때 사용한다.

26 디젤기관에서 연료장치 공기빼기 순서로 옳은 것은?

① 공급펌프 → 연료 여과기 → 분사 펌프
② 공급펌프 → 분사 펌프 → 연료 여과기
③ 연료 여과기 → 공급펌프 → 분사 펌프
④ 연료 여과기 → 분사 펌프 → 공급펌프

해설
연료장치 공기빼기 순서는 공급펌프 → 연료 여과기 → 분사 펌프이다.

27 디젤기관에서 주행 중 시동이 꺼지는 경우로 틀린 것은?

① 연료필터가 막혔을 때
② 분사 파이프 내에 기포가 있을 때
③ 연료 파이프에 누설이 있을 때
④ 플라이밍 펌프가 작동하지 않을 때

28 디젤기관의 연료 분사 펌프에서 연료 분사량 조정은?

① 컨트롤 슬리브와 피니언의 관계위치를 변화하여 조정
② 프라이밍 펌프를 조정
③ 플런저 스프링의 장력조정
④ 리미트 슬리브를 조정

해설
각 실린더 별로 연료 분사량에 차이가 있으면 분사 펌프 내의 컨트롤 슬리브와 피니언의 관계위치를 변화하여 조정한다.

29 기관의 부하에 따라 자동적으로 분사량을 가감하여 최고 회전속도를 제어하는 것은?

① 플런저 펌프   ② 캠축
③ 거버너   ④ 타이머

해설
조속기(거버너)는 분사 펌프에 설치되어 있으며, 기관의 부하에 따라 자동적으로 연료 분사량을 가감하여 최고 회전속도를 제어한다.

30 디젤기관 연료계통에서 고압 부분은?

① 탱크와 공급펌프 사이
② 인젝션 펌프와 탱크 사이
③ 연료필터와 탱크 사이
④ 인젝션 펌프와 노즐 사이

해설
연료계통에서 고압 부분은 인젝션 펌프와 노즐 사이이다.

31 디젤기관에 사용하는 분사노즐의 종류에 속하지 않는 것은?

① 핀틀(Pintle)형
② 스로틀(Throttle)형
③ 홀(Hole)형
④ 싱글 포인트(Single Point)형

해설
분사노즐의 종류에는 홀(구멍)형, 핀틀형, 스로틀형이 있다.

32 직접분사식에 가장 적합한 노즐은?

① 구멍형 노즐   ② 핀틀형 노즐
③ 스로틀형 노즐   ④ 개방형 노즐

해설
구멍형(Hole Type)은 분사구멍의 지름이 0.2~0.4mm이고, 분사개시 압력은 200~300kgf/cm² 정도이며, 직접분사식 연소실에서 사용한다.

33 디젤기관 시동보조 장치에 사용되는 디컴프(De-Comp)의 기능에 대한 설명으로 틀린 것은?

① 기관의 출력을 증대하는 장치이다.
② 한랭 시 시동할 때 원활한 회전으로 시동이 잘 될 수 있도록 하는 역할을 하는 장치이다.
③ 기관의 시동을 정지할 때 사용될 수 있다.
④ 기동전동기에 무리가 가는 것을 예방하는 효과가 있다.

해설
기관의 출력을 증대시키는 장치는 과급기(터보차저)이다.

34 커먼레일 디젤기관의 공기유량센서(AFS)로 많이 사용되는 방식은?

① 칼만 와류방식   ② 열막 방식
③ 베인 방식   ④ 피토관 방식

해설
공기유량 센서(Air Flow Sensor)는 열막(Hot Film)방식을 사용한다.

정답 23 ③   24 ④   25 ③   26 ①   27 ④   28 ①   29 ③   30 ④   31 ④   32 ①   33 ①   34 ②

35 커먼레일 디젤기관의 흡기온도센서(ATS)에 대한 설명으로 틀린 것은?

① 주로 냉각팬 제어신호로 사용된다.
② 연료량 제어 보정신호로 사용된다.
③ 분사시기 제어 보정신호로 사용된다.
④ 부특성 서미스터이다.

36 커먼레일 디젤기관의 압력제한밸브에 대한 설명 중 틀린 것은?

① 연료압력이 높으면 연료의 일부분이 연료탱크로 되돌아간다.
② 커먼레일과 같은 라인에 설치되어 있다.
③ 기계식 밸브가 많이 사용된다.
④ 운전조건에 따라 커먼레일의 압력을 제어한다.

37 기관의 온도를 측정하기 위해 냉각수의 수온을 측정하는 곳으로 가장 적절한 곳은?

① 실린더 헤드 물재킷 부분
② 엔진 크랭크케이스 내부
③ 라디에이터 하부
④ 수온조절기 내부

> **해설**
> 기관의 온도는 실린더 헤드 물재킷 부분의 냉각수 온도로 나타내며, 75~95℃가 정상이다.

38 엔진 과열 시 일어나는 현상이 아닌 것은?

① 각 작동부분이 열팽창으로 고착될 수 있다.
② 윤활유 점도 저하로 유막이 파괴될 수 있다.
③ 금속이 빨리 산화되고 변형되기 쉽다.
④ 연료소비율이 줄고, 효율이 향상된다.

39 기관에 온도를 일정하게 유지하기 위해 설치된 물 통로에 해당되는 것은?

① 오일 팬 ② 밸브
③ 워터 자켓 ④ 실린더 헤드

> **해설**
> 워터 자켓(Water Jacket)은 기관의 온도를 일정하게 유지하기 위해 실린더 헤드와 실린더 블록에 설치된 물 통로이다.

40 기관의 냉각 팬이 회전할 때 공기가 불어가는 방향은?

① 회전 방향 ② 상부 방향
③ 하부 방향 ④ 방열기 방향

> **해설**
> 냉각 팬이 회전할 때 공기가 불어가는 방향은 방열기 방향이다.

41 다음 중 팬 벨트와 연결되지 않은 것은?

① 발전기 풀리 ② 기관 오일펌프 풀리
③ 물 펌프 풀리 ④ 크랭크축 풀리

> **해설**
> 팬 벨트는 크랭크축 풀리, 물 펌프 풀리, 발전기 풀리와 연결되어 있다.

42 팬 벨트에 대한 점검 과정이다. 가장 적합하지 않은 것은?

① 팬 벨트는 눌러(약 10kgf)처짐이 13~20mm 정도로 한다.
② 팬 벨트는 풀리의 밑 부분에 접촉되어야 한다.
③ 팬 벨트는 발전기를 움직이면서 조정한다.
④ 팬 벨트가 너무 헐거우면 기관 과열의 원인이 된다.

> **해설**
> 팬 벨트는 풀리의 양쪽 경사진 부분에 접촉되어야 미끄러지지 않는다.

43 라디에이터(Radiator)를 다운플로 형식(Down Flow Type)과 크로스플로 형식(Cross Flow Type)으로 구분하는 기준은?

① 공기가 흐르는 방향에 따라
② 라디에이터 크기에 따라
③ 라디에이터의 설치 위치에 따라
④ 냉각수가 흐르는 방향에 따라

> **해설**
> 라디에이터를 다운플로 형식과 크로스플로 형식으로 구분하는 기준은 냉각수가 흐르는 방향이다.

44 기관 방열기에 연결된 보조탱크의 역할을 설명한 것으로 가장 적합하지 않은 것은?

① 냉각수의 체적팽창을 흡수한다.
② 냉각수 온도를 적절하게 조절한다.
③ 오버플로(Over Flow) 되어도 증기만 방출된다.
④ 장기간 냉각수 보충이 필요 없다.

> **해설**
> 방열기에 연결된 보조탱크의 역할은 냉각수의 체적팽창을 흡수하므로 오버플로 되어도 증기만 방출되며, 장기간 냉각수 보충이 필요 없다.

45 사용하던 라디에이터와 신품 라디에이터의 냉각수 주입량을 비교했을 때 신품으로 교환해야 할 시점은?

① 10% 이상의 차이가 발생했을 때
② 20% 이상의 차이가 발생했을 때
③ 30% 이상의 차이가 발생했을 때
④ 40% 이상의 차이가 발생했을 때

> **해설**
> 신품과 사용품의 냉각수 주입량이 20% 이상의 차이가 발생하면 라디에이터를 교환한다.

46 압력식 라디에이터 캡에 있는 밸브는?

① 입력 밸브와 진공 밸브 ② 압력 밸브와 진공 밸브
③ 입구 밸브와 출구 밸브 ④ 압력 밸브와 메인 밸브

> **해설**
> 라디에이터 캡에 설치된 밸브는 압력 밸브와 진공 밸브이다.

47 압력식 라디에이터 캡에 대한 설명으로 옳은 것은?

① 냉각장치 내부압력이 규정보다 낮을 때 공기 밸브는 열린다.
② 냉각장치 내부압력이 규정보다 높을 때 진공 밸브는 열린다.
③ 냉각장치 내부압력이 부압이 되면 진공 밸브는 열린다.
④ 냉각장치 내부압력이 부압이 되면 공기 밸브는 열린다.

정답 35 ① 36 ③ 37 ① 38 ④ 39 ③ 40 ④ 41 ② 42 ② 43 ④ 44 ② 45 ② 46 ② 47 ③

해설

압력식 라디에이터 캡의 작동

- 냉각장치 내부압력이 부압이 되면(내부압력이 규정보다 낮을 때) 진공 밸브가 열린다.
- 냉각장치 내부압력이 규정보다 높을 때 압력 밸브가 열린다.

48 엔진의 온도를 항상 일정하게 유지하기 위하여 냉각계통에 설치되는 것은?

① 크랭크축 풀리
② 물 펌프 풀리
③ 수온조절기
④ 벨트 조절기

해설

수온조절기(정온기)는 실린더 헤드의 물재킷 출구에 설치되어 기관 내부의 냉각수 온도 변화에 따라 자동적으로 통로를 개폐하여 냉각수 온도를 75~95℃가 되도록 조절한다.

49 엔진의 냉각장치에서 수온조절기의 열림 온도가 낮을 때 발생하는 현상은?

① 방열기 내의 압력이 높아진다.
② 엔진이 과열되기 쉽다.
③ 엔진의 워밍업 시간이 길어진다.
④ 물 펌프에 과부하가 발생한다.

해설

수온조절기의 열림 온도가 낮으면 엔진의 워밍업 시간이 길어지기 쉽다.

50 건설기계 장비 운전 시 계기판에서 냉각수량 경고등이 점등되었다. 그 원인으로 가장 거리가 먼 것은?

① 냉각수량이 부족할 때
② 냉각계통의 물 호스가 파손되었을 때
③ 라디에이터 캡이 열린 채 운행하였을 때
④ 냉각수 통로에 스케일(물때)이 많이 퇴적되었을 때

해설

냉각수 경고등은 라디에이터 내에 냉각수가 부족할 때 점등되며, 냉각수 통로에 스케일(물때)이 많이 퇴적되면 기관이 과열한다.

51 건설기계 작업 시 계기판에서 냉각수 경고등이 점등되었을 때 운전자로서 가장 적절한 조치는?

① 오일량을 점검한다.
② 작업이 모두 끝나면 곧바로 냉각수를 보충한다.
③ 라디에이터를 교환한다.
④ 작업을 중지하고 점검 및 정비를 받는다.

해설

냉각수 경고등이 점등되면 작업을 중지하고 냉각수량 점검 및 냉각계통의 정비를 받는다.

52 건설기계 기관에서 부동액으로 사용할 수 없는 것은?

① 메탄
② 알코올
③ 글리세린
④ 에틸렌글리콜

해설

부동액의 종류에는 알코올(메탄올), 글리세린, 에틸렌글리콜이 있다.

53 엔진에서 라디에이터의 방열기 캡을 열어 냉각수를 점검하였더니 엔진오일이 떠 있다면 그 원인은?

① 피스톤 링과 실린더 마모
② 밸브간극 과다
③ 압축압력이 높아 역화 현상발생
④ 실린더 헤드개스킷 파손

해설

방열기에 기름이 떠 있는 원인은 실린더 헤드개스킷 파손, 헤드볼트 풀림 또는 파손, 수랭식 오일쿨러의 파손 때문이다.

54 작업 중 엔진온도가 급상승하였을 때 가장 먼저 점검하여야 할 것은?

① 윤활유 점도 지수
② 크랭크축 베어링 상태
③ 부동액 점도
④ 냉각수의 양

해설

작업 중 엔진온도가 급상승하면 냉각수의 양을 가장 먼저 점검한다.

55 건설기계 운전 작업 중 온도게이지가 "H" 위치에 근접되어 있다. 운전자가 취해야 할 조치로 가장 알맞은 것은?

① 작업을 계속해도 무방하다.
② 잠시 작업을 중단하고 휴식을 취한 후 다시 작업한다.
③ 윤활유를 즉시 보충하고 계속 작업한다.
④ 작업을 중단하고 냉각수 계통을 점검한다.

56 기관에 사용되는 윤활유의 성질 중 가장 중요한 것은?

① 온도
② 점도
③ 습도
④ 건도

해설

윤활유의 성질 중 가장 중요한 것은 점도이다.

57 윤활유의 점도가 기준보다 높은 것을 사용했을 때의 현상으로 맞는 것은?

① 좁은 공간에 잘 스며들어 충분한 윤활이 된다.
② 동절기에 사용하면 기관 시동이 용이하다.
③ 점차 묽어지므로 경제적이다.
④ 윤활유 압력이 다소 높아진다.

해설

윤활유 점도가 기준보다 높은 것을 사용하면 점도가 높아져 윤활유 공급이 원활하지 못하게 되며, 기관을 시동할 때 동력이 많이 소모된다.

58 기관의 윤활방식 중 주로 4행정 사이클 기관에 많이 사용되고 있는 윤활방식은?

① 혼합식, 압력식, 편심식
② 혼합식, 압력식, 중력식
③ 편심식, 비산식, 비산 압송식
④ 비산식, 압송식, 비산 압송식

해설

4행정 사이클 기관의 윤활방식에는 비산식, 압송식, 비산 압송식 등이 있다.

정답 48 ③ 49 ③ 50 ④ 51 ④ 52 ① 53 ④ 54 ④ 55 ④ 56 ② 57 ④ 58 ④

59 다음 중 일반적으로 기관에 많이 사용되는 윤활방법은?

① 수 급유식
② 적하 급유식
③ 비산압송 급유식
④ 분무 급유식

해설
기관에서는 오일펌프로 흡입 가압하여 윤활 부분으로 공급하는 비산 압송식을 사용한다.

60 오일 스트레이너(Oil Strainer)에 대한 설명으로 바르지 못한 것은?

① 고정식과 부동식이 있으며 일반적으로 고정식이 많이 사용되고 있다.
② 불순물로 인하여 여과망이 막힐 때에는 오일이 통할 수 있도록 바이패스 밸브(By Pass Valve)를 설치한 것도 있다.
③ 보통 철망으로 만들어져 있으며 비교적 큰 입자의 불순물을 여과한다.
④ 오일 필터에 있는 오일을 여과하여 각 윤활부로 보낸다.

61 오일펌프(기계식)의 작동에 관한 내용으로 맞는 것은?

① 항상 작동된다.
② 엔진이 가동되어야 작동한다.
③ 운전석에서 따로 작동시켜야 한다.
④ 전기장치가 작동되었을 때 작동을 시작한다.

해설
오일펌프는 크랭크축이나 캠축으로 구동되며, 오일 팬 내의 오일을 흡입 가압하여 오일 여과기를 거쳐 각 윤활 부분으로 공급하는 작용을 한다.

62 오일 팬에 있는 오일을 흡입하여 기관의 각 운동부분에 압송하는 오일펌프로 가장 많이 사용되는 것은?

① 피스톤 펌프, 나사 펌프, 원심 펌프
② 나사 펌프, 원심 펌프, 기어 펌프
③ 기어 펌프, 원심 펌프, 베인 펌프
④ 로터리 펌프, 기어 펌프, 베인 펌프

해설
오일펌프의 종류에는 기어 펌프, 베인 펌프, 로터리 펌프, 플런저 펌프가 있다.

63 윤활장치에서 오일의 여과방식이 아닌 것은?

① 합류식 ② 전류식
③ 분류식 ④ 샨트식

해설
기관오일의 여과방식에는 분류식, 샨트식, 전류식이 있다.

64 윤활장치에서 바이패스 밸브의 작동주기로 옳은 것은?

① 오일이 오염되었을 때 작동
② 오일 필터가 막혔을 때 작동
③ 오일이 과냉 되었을 때 작동
④ 엔진 시동 시 항상 작동

해설
오일 여과기가 막히는 것을 대비하여 바이 패스 밸브를 설치한다.

65 기관에 사용하는 오일 여과기의 적절한 교환시기로 맞는 것은?

① 윤활유 1회 교환 시 2회 교환한다.
② 윤활유 1회 교환 시 1회 교환한다.
③ 윤활유 2회 교환 시 1회 교환한다.
④ 윤활유 3회 교환 시 1회 교환한다.

해설
오일 여과기는 윤활유를 1회 교환할 때 1회 교환한다.

66 건설기계에서 기관을 시동한 후 정상운전 가능상태를 확인하기 위해 운전자가 가장 먼저 점검해야 할 것은?

① 주행속도계 ② 엔진 오일량
③ 냉각수 온도계 ④ 오일 압력계

해설
기관 시동 후 오일 압력계를 가장 먼저 점검하여야 한다.

67 그림과 같은 경고등의 의미는?

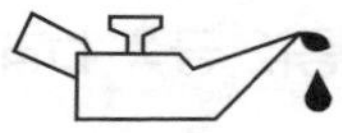

① 엔진오일 압력경고등 ② 와셔액 부족 경고등
③ 브레이크액 누유 경고등 ④ 냉각수 온도경고등

68 건설기계 작업 시 계기판에서 오일 경고등이 점등되었을 때 우선 조치사항으로 적합한 것은?

① 엔진을 분해한다.
② 즉시 시동을 끄고 오일계통을 점검한다.
③ 엔진오일을 교환하고 운전한다.
④ 냉각수를 보충하고 운전한다.

해설
오일 경고등이 점등되면 즉시 엔진의 시동을 끄고 오일계통을 점검한다.

69 기관의 오일레벨 게이지에 관한 설명으로 틀린 것은?

① 윤활유 레벨을 점검할 때 사용한다.
② 윤활유 육안검사 시에도 활용한다.
③ 기관의 오일 팬에 있는 오일을 점검하는 것이다.
④ 반드시 기관 작동 중에 점검해야 한다.

70 엔진에서 오일의 온도가 상승되는 원인이 아닌 것은?

① 과부하 상태에서 연속작업
② 오일 냉각기의 불량
③ 오일의 점도가 부적당할 때
④ 유량의 과다

71 기관에서 공기청정기의 설치 목적으로 옳은 것은?

① 연료의 여과와 가압작용 ② 공기의 가압작용
③ 공기의 여과와 소음방지 ④ 연료의 여과와 소음방지

해설
공기청정기는 흡입공기의 먼지 등을 여과하는 작용 이외에 흡기소음을 감소시킨다.

정답 59 ③ 60 ④ 61 ② 62 ④ 63 ① 64 ② 65 ② 66 ④ 67 ① 68 ② 69 ④ 70 ④ 71 ③

72 건식 공기청정기 세척방법으로 가장 적합한 것은?

① 압축공기로 안에서 밖으로 불어낸다.
② 압축공기로 밖에서 안으로 불어낸다.
③ 압축오일로 안에서 밖으로 불어낸다.
④ 압축오일로 밖에서 안으로 불어낸다.

⊕ 해설
건식 공기청정기는 정기적으로 엘리먼트를 빼내어 압축공기로 안쪽에서 바깥쪽으로 불어내어 청소하여야 한다.

73 다음 중 습식 공기청정기에 대한 설명으로 틀린 것은?

① 청정효율은 공기량이 증가할수록 높아지며, 회전속도가 빠르면 효율이 좋고 낮으면 저하됨
② 흡입공기는 오일로 적셔진 여과망을 통과시켜 여과시킴
③ 공기청정기 케이스 밑에는 일정한 양의 오일이 들어 있음
④ 공기청정기는 일정시간 사용 후 무조건 신품으로 교환함

⊕ 해설
습식 공기청정기의 엘리먼트는 스틸 울이므로 세척하여 다시 사용한다.

74 보기에서 머플러(소음기)와 관련된 설명이 모두 올바르게 조합된 것은?

> [보기]
> a. 카본이 많이 끼면 엔진이 과열되는 원인이 될 수 있다.
> b. 머플러가 손상되어 구멍이 나면 배기소음이 커진다.
> c. 카본이 쌓이면 엔진 출력이 떨어진다.
> d. 배기가스의 압력을 높여서 열효율을 증가시킨다.

① a, c, d
② a, b, c
③ a, b, d
④ b, c, d

75 건설기계 작동 시 머플러에서 검은 연기가 발생하는 원인은?

① 엔진오일량이 너무 많을 때
② 워터펌프 마모 또는 손상
③ 외부온도가 높을 때
④ 에어클리너가 막혔을 때

⊕ 해설
머플러에서 검은 연기가 배출되는 원인은 에어클리너가 막혔을 때, 연료 분사량이 과다할 때, 분사시기가 빠를 때 등이다.

76 기관에서 터보차저에 대한 설명 중 틀린 것은?

① 흡기관과 배기관 사이에 설치된다.
② 과급기라고도 한다.
③ 배기가스 배출을 위한 일종의 블로워(Blower)이다.
④ 기관 출력을 증가시킨다.

77 디젤기관에 과급기를 설치하였을 때 장점이 아닌 것은?

① 동일 배기량에서 출력이 감소하고, 연료소비율이 증가된다.
② 냉각손실이 적으며 높은 지대에서도 기관의 출력변화가 적다.
③ 연소상태가 좋아지므로 압축온도 상승에 따라 착화 지연이 짧아진다.
④ 연소상태가 양호하기 때문에 비교적 질이 낮은 연료를 사용할 수 있다.

⊕ 해설
과급기(터보차저)를 부착하면 동일 배기량에서 출력이 증가하고, 연료소비율이 감소된다.

78 배기터빈 과급기에서 터빈 축 베어링의 윤활방법으로 옳은 것은?

① 기관오일을 급유
② 오일리스 베어링 사용
③ 그리스로 윤활
④ 기어오일을 급유

⊕ 해설
과급기의 터빈 축 베어링에는 기관오일을 급유한다.

79 디젤기관에서 급기온도를 낮추어 배출가스를 저감시키는 장치는?

① 인터쿨러(Inter Cooler)
② 라디에이터(Radiator)
③ 쿨링팬(Cooling Fan)
④ 유닛 인젝터(Unit Injector)

⊕ 해설
인터쿨러는 터보차저에 나오는 흡입공기의 온도를 낮춰 배출가스를 저감시키는 장치이다.

80 건설기계 장비 예방정비에 관한 설명으로 틀린 것은?

① 운전자와는 관련이 없다.
② 계획표를 작성하여 실시하면 효과적이다.
③ 장비의 수명 · 성능유지 등에 효과가 있다.
④ 사고나 고장 등을 사전에 예방하기 위해 실시한다.

⊕ 해설
예방정비(일상점검)는 운전 전 · 중 · 후 행하는 점검을 말하며 운전자가 하여야 하는 정비이다.

정답 72 ① 73 ④ 74 ② 75 ④ 76 ③ 77 ① 78 ① 79 ① 80 ①

제5장 건설기계 전기장치

1 기초 전기 및 반도체

1) 전기의 기초사항
① 전류 : 단위는 암페어(A)이며, 발열, 화학, 자기 등 3대 작용을 한다.
② 전압(전위차) : 전류를 흐르게 하는 전기적인 압력이며, 단위는 볼트(V)이다.
③ 저항 : 전자의 움직임을 방해하는 요소이며, 단위는 옴(Ω)이다. 전선의 저항은 길이가 길어지면 커지고, 지름이 커지면 작아진다.

2) 옴의 법칙(Ohm' Law)
① 도체에 흐르는 전류(I)는 전압(E)에 정비례하고, 그 도체의 저항(R)에는 반비례한다.
② 도체의 저항은 도체 길이에 비례하고 단면적에 반비례한다.

3) 접촉저항
접촉저항은 스위치 접점, 배선의 커넥터, 축전지 단자(터미널) 등에서 발생하기 쉽다.

4) 퓨즈(Fuse)
퓨즈는 전기장치에서 과전류에 의한 화재예방을 위해 사용하는 부품이다. 용량은 암페어(A)로 표시하며, 회로에 직렬로 연결된다. 재질은 납과 주석의 합금이다.

5) 반도체
① 반도체 소자
• 다이오드 : P형 반도체와 N형 반도체를 마주 대고 접합한 것으로 정류작용을 한다.
• 포토 다이오드 : 빛을 받으면 전류가 흐르지만 빛이 없으면 전류가 흐르지 않는다.
• 제너 다이오드 : 어떤 전압 하에서 역방향으로 전류가 흐르도록 하는 것이다.
• 발광 다이오드(LED) : 순방향으로 전류를 공급하면 빛이 발생한다.
② 반도체의 특징
• 소형·경량이며, 내부의 전력손실이 적다.
• 예열시간을 요구하지 않고 곧바로 작동한다.
• 수명이 길고, 내부 전압강하가 적다.
• 150℃ 이상 되면 파손되기 쉽고, 고전압에 약하다.

2 축전지

1) 축전지의 개요
① 축전지의 정의
전류의 화학작용을 이용한 장치이며, 기관을 시동할 때에는 양극

판, 음극판 및 전해액이 가지는 화학적 에너지를 전기적 에너지로 꺼낼 수 있고, 전기적 에너지를 주면 화학적 에너지로 저장할 수 있다.
② 축전지의 작용
• 기관을 시동할 때 시동장치 전원을 공급한다(가장 중요한 기능).
• 발전기가 고장일 때 일시적인 전원을 공급한다.
• 발전기의 출력과 부하의 불균형(언밸런스)을 조정한다.

2) 납산축전지의 구조와 작용
① 납산축전지의 구조
• 극판
양극판은 과산화납, 음극판은 해면상납이다. 화학적 평형을 고려하여 음극판이 양극판보다 1장 더 많다.
• 극판군
셀(Cell)이라 부르며, 완전히 충전 되었을 때 약 2.1V의 기전력이 발생하며, 12V 축전지에는 6개의 셀이 직렬로 연결된다. 극판의 장수를 늘리면 축전지 용량이 증가하여 이용전류가 많아진다.

[극판군의 구조]

• 격리판의 구비조건
 – 비 전도성이고, 다공성이어서 전해액의 확산이 잘 될 것
 – 극판에 좋지 못한 물질을 내 뿜지 않을 것
 – 기계적 강도가 있고, 전해액에 부식되지 않을 것
• 축전지 커버와 케이스 청소는 탄산소다(탄산나트륨)와 물로 한다.
② 축전지 단자(Terminal) 구별 및 탈·부착 방법
• 양극 단자는 (+), 음극 단자는 (−)의 부호로 분별한다.
• 양극 단자는 적색, 음극 단자는 흑색의 색깔로 분별한다.
• 양극 단자는 지름이 굵고, 음극 단자는 가늘다.
• 양극 단자는 POS, 음극 단자는 NEG의 문자로 분별한다.
• 단자에서 케이블을 분리할 때에는 접지 단자(−단자)의 케이블을 먼저 분리하고, 설치할 때에는 나중에 설치한다.
• 단자에 녹이 발생하였으면 녹을 닦은 후 고정시키고 소량의 그리스를 상부에 도포한다.
③ 전해액(Electrolyte)
• 전해액의 비중
묽은 황산을 사용하며, 비중은 20℃에서 완전 충전되었을 때 1.280이다. 전해액은 온도가 상승하면 비중이 작아지고, 온도가 낮아지면 비중은 커진다. 전해액의 빙점(어는 온도)은 그 전해액의 비중이 내려감에 따라 높아진다.
• 전해액 제조순서
 – 용기는 질그릇 등 절연체인 것을 준비한다.
 – 물(증류수)에 황산을 부어서 혼합하도록 한다.

- 조금씩 혼합하도록 하며, 유리막대 등으로 천천히 저어서 냉각시킨다.
- 전해액의 온도가 20℃에서 1.280 되게 비중을 조정하면서 작업을 마친다.

3) 납산축전지의 화학작용

방전이 진행되면 양극판의 과산화납과 음극판의 해면상납 모두 황산납이 되고, 전해액은 물로 변화한다.

① 충전 중의 화학반응
 : 양극판(과산화납) + 전해액(묽은 황산) + 음극판(해면상납)

② 방전 중의 화학반응
 : 양극판(황산납) + 전해액(물) + 음극판(황산납)

4) 납산축전지의 여러 가지 특성

① 방전종지 전압(방전 끝 전압)

축전지의 방전은 어느 한도 내에서 단자 전압이 급격히 저하하며 그 이후는 방전능력이 없어지는 전압으로 1셀당 1.75V이다. 12V 축전지의 경우 1.75V×6=10.5V이다.

② 축전지 용량

단위는 AH로 표시한다. 용량의 크기를 결정하는 요소는 극판의 크기(또는 면적), 극판의 수, 황산(전해액)의 양 등이다. 용량표시 방법에는 20시간율, 25암페어율, 냉간율이 있다.

③ 축전지 연결에 따른 용량과 전압의 변화
 • 직렬연결

 같은 축전지 2개 이상을 (+)단자와 다른 축전지의 (−)단자에서로 연결하는 방식이며, 전압은 연결한 개수만큼 증가되지만 용량은 1개일 때와 같다.
 • 병렬연결

 같은 축전지 2개 이상을 (+)단자를 다른 축전지의 (+)단자에, (−)단자는 (−)단자에 접속하는 방식이며, 용량은 연결한 개수만큼 증가하지만 전압은 1개일 때와 같다.

5) 축전지의 자기방전(자연방전)

① 자기방전의 원인
 • 구조상 부득이 하다(음극판의 작용물질이 황산과의 화학작용으로 황산납이 되기 때문에).
 • 전해액에 포함된 불순물이 국부전지를 구성하기 때문이다.
 • 탈락한 극판 작용물질이 축전지 내부에 퇴적되어 단락되기 때문이다.
 • 축전지 커버와 케이스의 표면에서의 전기누설 때문이다.

② 축전지의 자기방전량
 • 전해액의 온도와 비중이 높을수록 자기방전량은 크다.
 • 날짜가 경과할수록 자기방전량은 많아진다.
 • 충전 후 시간의 경과에 따라 자기방전량의 비율은 점차 낮아진다.

6) 납산축전지 충전

① 납산축전지 충전방법
 • 축전지의 충전방법에는 정전류 충전, 정전압 충전, 단별전류 충전, 급속충전 등이 있다.
 • 정전류 충전방법은 충전 시작에서 끝까지 일정한 전류로 충전하는 방법이다.
 • 정전압 충전은 충전 시작에서부터 완료될 때까지 일정한 전압으

로 충전하는 방법이다.

② 납산축전지를 충전할 때 주의사항
 • 충전하는 장소는 반드시 환기장치를 할 것
 • 방전상태로 두지 말고 즉시 충전을 할 것
 • 충전 중 전해액의 온도를 45℃ 이상으로 상승시키지 말 것
 • 수소가스가 폭발성 가스이므로 충전 중인 축전지 근처에서 불꽃을 가까이 하지 말 것
 • 양극판 격자의 산화가 촉진되므로 과충전 시키지 말 것
 • 축전지를 떼어내지 않고 급속충전 할 경우에는 발전기 다이오드를 보호하기 위해 반드시 축전지와 기동전동기를 연결하는 케이블을 분리한다.

7) MF 축전지(Maintenance Free Battery)

MF 축전지는 격자를 저(低)안티몬 합금이나 납-칼슘합금을 사용하여 전해액의 감소나 자기 방전량을 줄일 수 있는 무보수 축전지이다. 특징은 다음과 같다.

① 증류수를 점검하거나 보충하지 않아도 된다.
② 자기방전 비율이 매우 낮다.
③ 장기간 보관이 가능하다.
④ 산소와 수소가스를 다시 증류수로 환원시키는 밀봉 촉매마개를 사용한다.

3 기동장치

1) 기동전동기의 원리

기동전동기의 원리는 플레밍의 왼손법칙을 이용한다.

2) 기동전동기의 종류와 특징

① 직권전동기 : 전기자 코일과 계자코일이 직렬로 접속된 것이며, 기동회전력이 크고, 부하가 증가하면 회전속도가 낮아지고 흐르는 전류가 커지는 장점이 있으나 회전속도 변화가 큰 단점이 있다.
② 분권전동기 : 전기자 코일과 계자코일이 병렬로 접속된 것이다.
③ 복권전동기 : 전기자 코일과 계자코일이 직 · 병렬로 접속된 것이다.

3) 기동전동기의 구조와 기능

전기자 코일 및 철심, 정류자, 계자코일 및 계자철심, 브러시와 홀더, 피니언, 오버닝 클러치, 솔레노이드 스위치 등으로 구성되어 기관을 가동시킬 때 사용한다.

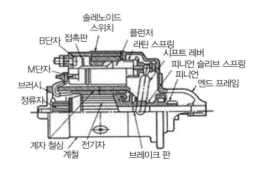

[기동전동기의 구조]

① 전기자(Armature)

전기자는 토크를 발생하는 부분이다. 구조는 전기자 철심, 전기자 코일, 축 및 정류자로 구성되어 있고, 축 양끝은 베어링으로

지지되어 자극 사이를 회전한다.

② 오버러닝 클러치(Over Running Dlutch)

기동전동기의 피니언과 기관 플라이 휠 링기어가 물렸을 때 양 기어의 물림이 풀리는 것을 방지하고, 기관이 기동된 후에는 기동전동기 피니언이 공회전하여 플라이 휠 링기어에 의해 기관의 회전력이 기동전동기에 전달되지 않도록 한다.

③ 정류자(Commutator)

전기자 코일에 항상 일정한 방향으로 전류가 흐르도록 한다.

④ 계철과 계자철심(Yoke & Pole Core)

계철은 자력선의 통로와 기동전동기의 틀이 되는 부분이다. 계자철심은 계자코일에 전기가 흐르면 전자석이 되며, 자속을 잘 통하게 하고, 계자코일을 유지한다.

⑤ 계자코일(Field Coil)

계자철심에 감겨져 자력을 발생시키는 부분이다.

⑥ 브러시와 브러시 홀더(Brush & Brush Holder)

정류자를 통하여 전기자 코일에 전류를 출입시키는 작용을 하며, 4개가 설치된다. 본래 길이에서 1/3 이상 마모되면 교환한다.

⑦ 솔레노이드 스위치

마그넷 스위치라고도 부르며, 기동전동기의 전자석 스위치이며, 풀인 코일과 홀드인 코일로 되어있다.

⑧ 스타트 릴레이(Start Relay)

기동전동기로 많은 전류를 보내어 충분한 크랭킹 속도를 유지하고, 기관 시동을 용이하게 하며, 키 스위치(시동 스위치)를 보호한다.

⑨ 기동전동기의 동력전달방식

기동전동기의 피니언을 엔진의 플라이 휠 링기어에 물리는 방식에는 벤딕스 방식. 피니언 섭동방식, 전기자 섭동방식 등이 있다.

4) 기동전동기 다루기

① 기동전동기 연속 사용시간은 10초 정도로 한다.

② 기관이 시동된 후에는 시동스위치를 닫아서는 안 된다.

③ 기동전동기의 회전속도가 규정 이하이면 장시간 연속 운전시켜도 시동되지 않으므로 회전속도에 유의한다.

④ 배선용 케이블이나 굵기가 규정 이하의 것은 사용하지 않는다.

4 예열장치(Glow System)

• 예열장치는 겨울철에 주로 사용하는 것으로 흡기 다기관이나 연소실 내의 공기를 미리 가열하여 시동을 쉽게 하는 장치이다. 즉 기관에 흡입된 공기온도를 상승시켜 시동을 원활하게 한다.

• 디젤기관의 시동보조 장치에는 예열장치, 흡기가열장치(흡기히터와 히트레인지), 실린더 감압장치, 연소촉진제 공급 장치 등이 있다.

1) 예열 플러그 방식(Glow Plug Type)

예열 플러그는 연소실 내의 압축공기를 직접 예열하며 코일형과 실드형(Shield Type)이 있다.

① 실드형 예열 플러그의 특징

• 히트코일을 보호 금속튜브 속에 넣은 형식으로, 전류가 흐르면 금속튜브 전체가 적열된다.

• 적열까지의 시간이 길지만 1개당 발열량이 크고, 열용량이 크다.

• 히트코일이 연소열의 영향을 적게 받는다.

• 병렬결선이므로 어느 1개가 단선 되어도 다른 것들은 계속 작용한다.

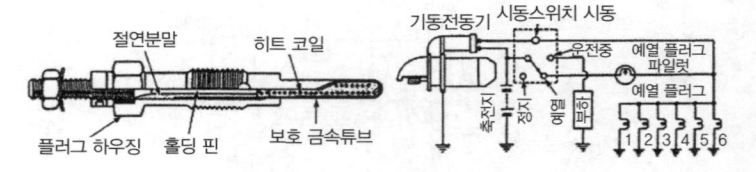

[실드형 예열 플러그의 구조와 회로]

② 예열 플러그의 단선 원인

• 예열시간이 너무 길 때

• 기관이 과열된 상태에서 빈번한 예열

• 예열 플러그를 규정토크로 조이지 않았을 때

• 정격이 아닌 예열 플러그를 사용했을 때

• 규정 이상의 과대전류 흐름

2) 흡기가열 방식

흡기가열 방식에는 흡기히터와 히트레인지가 있으며, 직접분사식에서 사용한다.

5 충전장치

1) 발전기의 원리

① 플레밍의 오른손 법칙

발전기의 원리로 플레밍의 오른손법칙을 사용하며 건설기계에서는 주로 3상 교류발전기를 사용한다.

② 렌츠의 법칙

"유도기전력의 방향은 코일 내의 자속의 변화를 방해하려는 방향으로 발생한다."는 법칙이다.

2) 교류(AC) 충전장치

① 교류발전기의 특징

• 속도 변화에 따른 적용 범위가 넓고 소형·경량이다.

• 저속에서도 충전 가능한 출력전압이 발생한다.

• 실리콘 다이오드로 정류하므로 전기적 용량이 크다.

• 브러시 수명이 길고, 전압조정기만 있으면 된다.

• 다이오드를 사용하기 때문에 정류 특성이 좋다.

• 출력이 크고, 고속회전에 잘 견딘다.

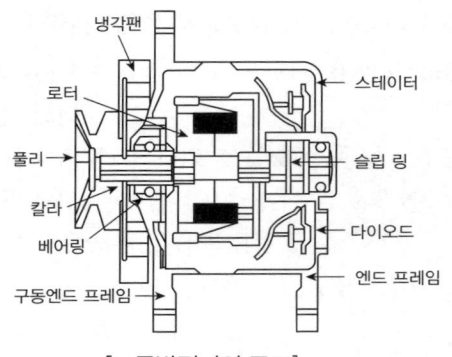

[교류발전기의 구조]

② 교류발전기의 구조

스테이터, 로터, 다이오드, 여자전류를 로터코일에 공급하는 슬립링과 브러시, 엔드프레임 등으로 구성된 타려자 방식의 발전기이다.

- 스테이터(Stator, 고정자)

  독립된 3개의 코일이 감겨져 있으며 3상 교류가 유기된다.
- 로터(Rotor, 회전자)

  로터의 자극편은 코일에 전류가 흐르면 전자석이 되며, 교류발전기 출력은 로터코일의 전류를 이용하여 조정한다.
- 정류기(Rectifier)

  교류발전기에서는 실리콘 다이오드를 정류기로 사용한다. 기능은 스테이터 코일에서 발생한 교류를 직류로 정류하여, 외부로 공급하며, 축전지에서 발전기로 전류가 역류하는 것을 방지한다.
- 충전경고등
  - 계기판에 충전경고등이 점등되면 충전이 되지 않고 있음을 나타내며, 기관 가동 전(점등)과 가동 중(소등) 점검한다.
  - 충전계기는 기관 가동 중에 점검하며, 발전기에서 축전지로 충전되면 전류계 지침은 (+)방향을 지시한다.

6 계기 · 등화 및 에어컨장치

1) 조명의 용어

① 광속 : 광원에서 나오는 빛의 다발이며, 단위는 루멘(Lumen, 기호는 lm)이다.

② 광도 : 빛의 세기이며 단위는 칸델라(Candle, 기호는 cd)이다.

③ 조도 : 빛을 받는 면의 밝기이며, 단위는 룩스(Lux, 기호는 Lx)이다.

2) 전조등(Head Light or Head Lamp)과 그 회로

① 실드 빔 방식(Shield Beam Type)

반사경에 필라멘트를 붙이고 여기에 렌즈를 녹여 붙인 후 내부에 불활성 가스를 넣어 그 자체가 1개의 전구가 되도록 한 것으로 특징은 대기의 조건에 따라 반사경이 흐려지지 않고, 사용에 따르는 광도의 변화가 적은 장점이 있으나, 필라멘트가 끊어지면 렌즈나 반사경에 이상이 없어도 전조등 전체를 교환하여야 한다.

② 세미 실드 빔 방식(Semi Shield Beam Type)

렌즈와 반사경은 녹여 붙였으나 전구는 별개로 설치한 형식으로 필라멘트가 끊어지면 전구만 교환하면 된다. 최근에는 할로겐램프를 주로 사용한다.

③ 전조등 회로

양쪽의 전조등은 하이 빔(High Beam, 상향등)과 로우 빔(Low Beam, 하향등)별로 병렬로 접속되어 있다.

3) 방향지시등

① 플래셔 유닛

플래셔 유닛은 방향지시등 전구에 흐르는 전류를 일정한 주기로 단속, 점멸하여 램프의 광도를 증감시키는 부품이다.

② 한쪽은 정상이고, 다른 한 쪽은 점멸작용이 정상과 다르게(빠르게 또는 느리게)작용하는 원인

- 한쪽 전구를 교체할 때 규정용량의 전구를 사용하지 않았을 때
- 전구 1개가 단선되었을 때
- 한쪽 전구소켓에 녹이 발생하여 전압 강하가 있을 때
- 방향지시등의 한쪽 등의 점멸이 빠르게 작동하면 가장 먼저 전구(램프)의 단선 유무를 점검한다.

4) 에어컨 장치

① 냉매

R-134a는 지구환경 문제로 인하여 기존 냉매의 대체가스로 사용되고 있는 에어컨의 냉매이다.

② 에어컨의 구조

- 압축기(Compressor) : 증발기에서 기화된 냉매를 고온 · 고압 가스로 변환시켜 응축기로 보낸다.
- 응축기(Condenser) : 고온 · 고압의 기체냉매를 냉각에 의해 액체냉매 상태로 변환시킨다.
- 리시버 드라이어(Receiver Dryer) : 응축기에서 보내온 냉매를 일시 저장하고 항상 액체상태의 냉매를 팽창밸브로 보낸다.
- 팽창밸브(Expansion Valve) : 고압의 액체냉매를 분사시켜 저압으로 감압시킨다.
- 증발기(Evaporator) : 주위의 공기로부터 열을 흡수하여 기체상태의 냉매로 변환시킨다.
- 송풍기(Blower) : 직류직권 전동기에 의해 구동되며, 공기를 증발기에 순환시킨다.

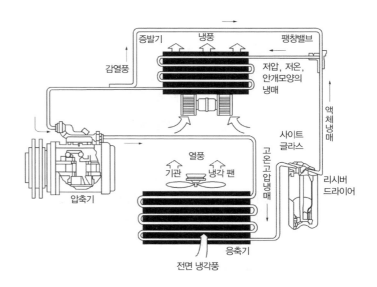

[에어컨의 구성요소]

1 전기가 이동하지 않고 물질에 정지하고 있는 전기는?

① 동전기
② 정전기
③ 직류 전기
④ 교류 전기

●해설
정전기란 전기가 이동하지 않고 물질에 정지하고 있는 전기이다.

2 전류의 3대 작용에 해당하지 않는 것은?

① 충전작용
② 발열작용
③ 화학작용
④ 자기작용

●해설
전류의 3대작용
• 발열작용(전구, 예열 플러그 등에서 이용)
• 화학작용(축전지 및 전기도금에서 이용)
• 자기작용(발전기와 전동기에서 이용)

3 전선의 저항에 대한 설명 중 맞는 것은?

① 전선이 길어지면 저항이 감소한다.
② 전선의 지름이 커지면 저항이 감소한다.
③ 모든 전선의 저항은 같다.
④ 전선의 저항은 전선의 단면적과 관계없다.

●해설
전선의 저항은 길이가 길어지면 증가하고, 지름 및 단면적이 커지면 감소한다.

4 옴의 법칙에 대한 설명으로 옳은 것은?

① 도체에 흐르는 전류는 도체의 저항에 정비례한다.
② 도체의 저항은 도체 길이에 비례한다.
③ 도체의 저항은 도체에 가해진 전압에 반비례한다.
④ 도체에 흐르는 전류는 도체의 전압에 반비례한다.

●해설
도체의 저항은 도체 길이에 비례하고 단면적에 반비례한다.

5 건설기계의 전기회로의 보호 장치로 맞는 것은?

① 안전 밸브
② 퓨저블 링크
③ 캠버
④ 턴 시그널 램프

●해설
퓨저블 링크(Fusible Link)는 회로가 단락되었을 때 용단되어 전원 및 회로를 보호한다.

6 빛을 받으면 전류가 흐르지만 빛이 없으면 전류가 흐르지 않는 전기소자는?

① 발광 다이오드
② 포토 다이오드
③ 제너 다이오드
④ PN 접합 다이오드

●해설
포토 다이오드 : 접합 부분에 빛을 받으면 빛에 의해 자유전자가 되어 전자가 이동하며, 역방향으로 전기가 흐른다.

7 전자제어 디젤 분사장치에서 연료를 제어하기 위해 센서로부터 각종 정보(가속페달의 위치, 기관속도, 분사시기, 흡기, 냉각수, 연료온도 등)를 입력받아 전기적 출력신호로 변환하는 것은?

① 컨트롤 로드 액추에이터
② 전자제어 유닛(ECU)
③ 컨트롤 슬리브 액추에이터
④ 자기진단(Self Diagnosis)

●해설
전자제어유닛(ECU)은 전자제어 기관에서 연료를 제어하기 위해 센서로부터 각종 정보를 입력받아 전기적 출력신호로 변환하는 것이다.

8 건설기계 기관에 사용되는 축전지의 가장 중요한 역할은?

① 주행 중 점화장치에 전류를 공급한다.
② 주행 중 등화장치에 전류를 공급한다.
③ 주행 중 발생하는 전기부하를 담당한다.
④ 기동장치의 전기적 부하를 담당한다.

9 축전지 격리판의 구비조건으로 틀린 것은?

① 기계적 강도가 있을 것
② 다공성이고 전해액에 부식되지 않을 것
③ 극판에 좋지 않은 물질을 내뿜지 않을 것
④ 전도성이 좋으며 전해액의 확산이 잘 될 것

●해설
격리판은 비전도성일 것

10 건설기계에 사용되는 납산축전지에 대한 내용 중 맞지 않는 것은?

① 음(−)극판이 양(+)극판보다 1장 더 많다.
② 격리판은 비전도성이며 다공성이어야 한다.
③ 축전지 케이스 하단에 엘리먼트 레스트 공간을 두어 단락을 방지한다.
④ (+)단자 기둥은 (−)단자 기둥보다 가늘고 회색이다.

●해설
축전지의 (+)단자 기둥이 (−)단자 기둥보다 굵다.

11 축전지 전해액에 관한 내용으로 옳지 않은 것은?

① 전해액의 온도가 1℃ 변화함에 따라 비중은 0.0007씩 변한다.
② 온도가 올라가면 비중은 올라가고 온도가 내려가면 비중이 내려간다.
③ 전해액은 증류수에 황산을 혼합하여 희석시킨 묽은 황산이다.
④ 축전지 전해액 점검은 비중계로 한다.

●해설
전해액은 온도가 상승하면 비중은 내려가고, 온도가 내려가면 비중은 올라간다.

정답 1 ② 2 ① 3 ② 4 ② 5 ② 6 ② 7 ② 8 ④ 9 ④ 10 ④ 11 ②

12 20℃에서 완전충전 시 축전지의 전해액 비중은?

① 2.260
② 0.128
③ 1.280
④ 0.0007

⊙ 해설
20℃에서 완전충전 된 납산축전지의 전해액 비중은 1.280이다.

13 납산축전지의 전해액을 만들 때 황산과 증류수의 혼합방법에 대한 설명으로 틀린 것은?

① 조금씩 혼합하며, 잘 저어서 냉각시킨다.
② 증류수에 황산을 부어 혼합한다.
③ 전기가 잘 통하는 금속제 용기를 사용하여 혼합한다.
④ 추운 지방인 경우 온도가 표준온도일 때 비중이 1.280 되게 측정하면서 작업을 끝낸다.

⊙ 해설
전해액을 만들 때에는 질그릇 등의 절연체인 용기를 준비한다.

14 납산축전지를 오랫동안 방전상태로 방치하면 사용하지 못하게 되는 원인은?

① 극판이 영구 황산납이 되기 때문이다.
② 극판에 산화납이 형성되기 때문이다.
③ 극판에 수소가 형성되기 때문이다.
④ 극판에 녹이 슬기 때문이다.

⊙ 해설
납산축전지를 오랫동안 방전상태로 두면 극판이 영구 황산납이 되어 사용하지 못하게 된다.

15 축전지 터미널에 부식이 발생하였을 때 나타나는 현상과 가장 거리가 먼 것은?

① 기동전동기의 회전력이 작아진다.
② 엔진 크랭킹이 잘 되지 않는다.
③ 전압강하가 발생된다.
④ 시동 스위치가 손상된다.

⊙ 해설
축전지 터미널(단자)에 부식이 발생하면 전압강하가 발생되어 기동전동기의 회전력이 작아져 엔진 크랭킹이 잘 되지 않는다.

16 납산축전지의 터미널에 녹이 발생했을 때 조치방법으로 가장 적합한 것은?

① 물걸레로 닦아내고 더 조인다.
② 녹을 닦은 후 고정시키고 소량의 그리스를 상부에 도포한다.
③ (+)와 (-) 터미널을 서로 교환한다.
④ 녹슬지 않게 엔진오일을 도포하고 확실히 더 조인다.

⊙ 해설
터미널(단자)에 녹이 발생하였으면 녹을 닦은 후 고정시키고 소량의 그리스를 상부에 도포한다.

17 건설기계의 축전지 케이블 탈거에 대한 설명으로 옳은 것은?

① 절연되어 있는 케이블을 먼저 탈거한다.
② 아무 케이블이나 먼저 탈거한다.
③ (+)케이블을 먼저 탈거한다.
④ 접지되어 있는 케이블을 먼저 탈거한다.

⊙ 해설
축전지에서 케이블을 탈거할 때에는 먼저 접지 케이블을 탈거한다.

18 축전지를 교환 및 장착할 때 연결순서로 맞는 것은?

① (+)나 (-)선 중 편리한 것부터 연결하면 된다.
② 축전지의 (-)선을 먼저 부착하고, (+)선을 나중에 부착한다.
③ 축전지의 (+), (-)선을 동시에 부착한다.
④ 축전지의 (+)선을 먼저 부착하고, (-)선을 나중에 부착한다.

⊙ 해설
축전지를 장착할 때에는 (+)선을 먼저 부착하고, (-)선을 나중에 부착한다.

19 납산축전지의 충·방전 상태를 나타낸 것이 아닌 것은?

① 축전지가 방전되면 양극판은 과산화납이 황산납으로 된다.
② 축전지가 방전되면 전해액은 묽은 황산이 물로 변하여 비중이 낮아진다.
③ 축전지가 충전되면 음극판은 황산납이 해면상납으로 된다.
④ 축전지가 충전되면 양극판에서 수소를, 음극판에서 산소를 발생시킨다.

⊙ 해설
충전되면 양극판에서 산소를, 음극판에서 수소를 발생시킨다.

20 다음 중 축전지의 용량 표시방법이 아닌 것은?

① 25시간율
② 25암페어율
③ 냉간율
④ 20시간율

⊙ 해설
축전지의 용량표시 방법에는 20시간율, 25암페어율, 냉간율이 있다.

21 그림과 같이 12V용 축전지 2개를 사용하여 24V용 건설기계를 시동하고자 할 때 연결 방법으로 옳은 것은?

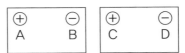

① B - D
② A - C
③ A - B
④ B - C

⊙ 해설
직렬연결이란 전압과 용량이 동일한 축전지 2개 이상을 (+)단자와 연결대상 축전지의 (-)단자에 서로 연결하는 방식이며, 전압은 축전지를 연결한 개수만큼 증가하나 용량은 1개일 때와 같다.

22 건설기계에 사용되는 12볼트(V) 80암페어(A) 축전지 2개를 직렬연결하면 전압과 전류는?

① 24볼트(V) 160암페어(A)가 된다.
② 12볼트(V) 160암페어(A)가 된다.
③ 24볼트(V) 80암페어(A)가 된다.
④ 12볼트(V) 80암페어(A)가 된다.

⊙ 해설
12V-80A 축전지 2개를 직렬로 연결하면 24V-80A가 되고, 병렬로 연결하면 12V-160A가 된다.

정답 12 ③ 13 ③ 14 ① 15 ④ 16 ② 17 ④ 18 ④ 19 ④ 20 ① 21 ④ 22 ③

23 같은 용량·같은 전압의 축전지를 병렬로 연결하였을 때 맞는 것은?

① 용량과 전압은 일정하다.
② 용량과 전압이 2배가 된다.
③ 용량은 한 개일 때와 같으나 전압은 2배가 된다.
④ 용량은 2배이고 전압은 한 개일 때와 같다.

⊕해설
축전지의 병렬연결이란 같은 전압, 같은 용량의 축전지 2개 이상을 (+)단자를 다른 축전지의 (+)단자에, (−)단자는 (−)단자에 접속하는 방식이며, 용량은 연결한 개수만큼 증가하지만 전압은 1개일 때와 같다.

24 배터리의 자기방전 원인에 대한 설명으로 틀린 것은?

① 배터리의 구조상 부득이하다.
② 이탈된 작용물질이 극판의 아래 부분에 퇴적되어 있다.
③ 배터리 케이스의 표면에서 전기누설이 없다.
④ 전해액 중에 불순물이 혼입되어 있다.

25 축전지를 충전기에 의해 충전 시 정전류 충전범위로 틀린 것은?

① 최대충전 전류 : 축전지 용량의 20%
② 최소충전 전류 : 축전지 용량의 5%
③ 최대충전 전류 : 축전지 용량의 50%
④ 표준충전 전류 : 축전지 용량의 10%

⊕해설
표준충전 전류는 축전지 용량의 10%, 최소충전 전류는 축전지 용량의 5%, 최대충전 전류는 축전지 용량의 20%이다.

26 건설기계에 장착된 축전지를 급속충전 할 때 축전지의 접지케이블을 분리시키는 이유는?

① 과충전을 방지하기 위해
② 발전기의 다이오드를 보호하기 위해
③ 시동스위치를 보호하기 위해
④ 기동전동기를 보호하기 위해

⊕해설
급속충전 할 때 축전지의 접지케이블을 분리하여야 하는 이유는 발전기의 다이오드를 보호하기 위함이다.

27 축전지 전해액이 자연 감소되었을 때 보충에 가장 적합한 것은?

① 증류수   ② 황산
③ 경수   ④ 수돗물

⊕해설
축전지 전해액이 자연 감소되었을 경우에는 증류수를 보충한다.

28 납산축전지에 대한 설명으로 옳은 것은?

① 전해액이 자연 감소된 축전지의 경우 증류수를 보충하면 된다.
② 축전지의 방전이 계속되면 전압은 낮아지고, 전해액의 비중은 높아지게 된다.
③ 축전지의 용량을 크게 하려면 별도의 축전지를 직렬로 연결하면 된다.
④ 축전지를 보관할 때에는 되도록 방전시키는 것이 좋다.

⊕해설
• 축전지의 방전이 계속되면 전압은 낮아지고, 전해액의 비중도 낮아진다.
• 축전지의 용량을 크게 하기 위해서는 별도의 축전지를 병렬로 연결한다.
• 축전지를 보관할 때에는 가능한 한 충전시키는 것이 좋다.

29 MF(Maintenance Free) 축전지에 대한 설명으로 적합하지 않는 것은?

① 격자의 재질은 납과 칼슘합금이다.
② 무보수용 배터리다.
③ 밀봉 촉매마개를 사용한다.
④ 증류수는 매 15일마다 보충한다.

⊕해설
MF 축전지는 증류수를 점검 및 보충하지 않아도 된다.

30 전동기의 종류와 특성 설명으로 틀린 것은?

① 직권전동기는 계자코일과 전기자 코일이 직렬로 연결된 것이다.
② 분권전동기는 계자코일과 전기자 코일이 병렬로 연결된 것이다.
③ 복권전동기는 직권전동기와 분권전동기 특성을 합한 것이다.
④ 내연기관에서는 순간적으로 강한 토크가 요구되는 복권전동기가 주로 사용된다.

⊕해설
내연기관에서는 순간적으로 강한 토크가 요구되는 직권전동기가 사용된다.

31 직류직권 전동기에 대한 설명 중 틀린 것은?

① 기동 회전력이 분권전동기에 비해 크다.
② 회전속도의 변화가 크다.
③ 부하가 걸렸을 때, 회전속도는 낮아진다.
④ 회전속도가 거의 일정하다.

⊕해설
직류직권 전동기는 기동 회전력이 크고, 부하가 걸렸을 때에는 회전속도는 낮으나 회전력이 큰 장점이 있으나 회전속도의 변화가 큰 단점이 있다.

32 전기자 코일, 정류자, 계자코일, 브러시 등으로 구성되어 기관을 가동시킬 때 사용되는 것으로 맞는 것은?

① 발전기   ② 기동전동기
③ 오일펌프   ④ 액추에이터

⊕해설
기동전동기는 전기자 코일 및 철심, 정류자, 계자코일 및 계자철심, 브러시와 홀더, 피니언, 오버러닝 클러치, 솔레노이드 스위치 등으로 구성되어 있다.

33 기동전동기의 기능으로 틀린 것은?

① 기관을 구동시킬 때 사용한다.
② 플라이 휠의 링기어에 기동전동기 피니언을 맞물려 크랭크축을 회전시킨다.
③ 축전지와 각부 전장품에 전기를 공급한다.
④ 기관의 시동이 완료되면 피니언을 링기어로부터 분리시킨다.

⊕해설
축전지와 각부 전장품에 전기를 공급하는 장치는 발전기이다.

정답 23 ④ 24 ③ 25 ③ 26 ② 27 ① 28 ① 29 ④ 30 ④ 31 ④ 32 ② 33 ③

34 전기자 철심을 얇은 철판을 각각 절연하여 겹쳐 만든 주된 이유는?

① 열 발산을 방지하기 위해
② 코일의 발열 방지를 위해
③ 맴돌이 전류를 감소시키기 위해
④ 자력선의 통과를 차단시키기 위해

⊕해설
전기자 철심을 얇은 철판을 각각 절연하여 겹쳐 만든 이유는 자력선을 잘 통과시키고, 맴돌이 전류를 감소시키기 위함이다.

35 엔진이 기동된 다음에는 피니언 기어가 공회전하여 링기어에 의해 엔진의 회전력이 기동전동기에 전달되지 않도록 하여 엔진의 회전력이 기동전동기에 전달되지 않도록 하는 장치는?

① 피니언
② 전기자
③ 오버런링 클러치
④ 정류자

36 시동장치에서 스타트 릴레이의 설치 목적으로 틀린 것은?

① 축전지 충전을 용이하게 한다.
② 회로에 충분한 전류가 공급될 수 있도록 하여 크랭킹이 원활하게 한다.
③ 엔진 시동을 용이하게 한다.
④ 키 스위치(시동 스위치)를 보호한다.

⊕해설
스타트 릴레이 설치목적은 회로에 충분한 전류가 공급될 수 있도록 하여 크랭킹이 원활하게 하여 엔진 시동을 용이하게 하며 키스위치(시동스위치)를 보호한다.

37 기동전동기의 동력전달 기구를 동력전달 방식으로 구분한 것이 아닌 것은?

① 벤딕스식
② 피니언 섭동식
③ 계자 섭동식
④ 전기자 섭동식

⊕해설
기동전동기의 피니언을 엔진의 플라이 휠 링기어에 물리는 방식은 벤딕스 방식, 피니언 섭동방식, 전기자 섭동방식 등이 있다.

38 건설기계의 기동장치 취급 시 주의사항으로 틀린 것은?

① 기관이 시동된 상태에서 기동 스위치를 켜서는 안 된다.
② 기동전동기의 회전속도가 규정 이하 이면 오랜 시간 연속 회전시켜도 시동이 되지 않으므로 회전속도에 유의해야 한다.
③ 기동전동기의 연속 사용기간은 3분 정도로 한다.
④ 전선 굵기는 규정 이하의 것을 사용하면 안 된다.

⊕해설
기동전동기의 연속 사용기간은 10~15초 정도로 한다.

39 엔진이 기동되었는데도 시동 스위치를 계속 ON 위치로 할 때 미치는 영향으로 가장 알맞은 것은?

① 크랭크축 저널이 마멸된다.
② 클러치 디스크가 마멸된다.
③ 기동전동기의 수명이 단축된다.
④ 엔진의 수명이 단축된다.

⊕해설
엔진이 기동되었을 때 시동 스위치를 계속 ON 위치로 하면 기동전동기가 엔진에 의해 구동되어 수명이 단축된다.

40 기동전동기의 시험과 관계없는 것은?

① 부하 시험
② 무부하 시험
③ 관성시험
④ 저항시험

⊕해설
시험항목에는 회전력(부하)시험, 무부하 시험, 저항시험 등이 있다.

41 다음 중 예열장치의 설치 목적으로 맞는 것은?

① 냉간시동 시 시동을 원활히 하기 위함이다.
② 연료를 압축하여 분무성을 향상시키기 위함이다.
③ 연료 분사량을 조절하기 위함이다.
④ 냉각수의 온도를 조절하기 위함이다.

⊕해설
예열장치는 한랭한 상태에서 기관을 시동할 때 시동을 원활히 하기 위해 사용한다.

42 실드형 예열 플러그에 대한 설명으로 맞는 것은?

① 히트코일이 노출되어 있다.
② 발열량은 많으나 열용량은 적다.
③ 열선이 병렬로 결선되어 있다.
④ 축전지의 전압을 강하시키기 위하여 직렬접속 한다.

⊕해설
실드형 예열 플러그는 보호금속 튜브에 히트코일이 밀봉되어 있으며, 발열량과 열용량이 크고, 열선이 병렬로 접속되어 있다.

43 디젤기관의 전기 가열식 예열장치에서 예열 진행의 3단계로 틀린 것은?

① 프리 글로우
② 스타트 글로우
③ 포스트 글로우
④ 컷 글로우

⊕해설
디젤기관의 전기 가열식 예열장치에서 예열 진행의 3단계는 프리 글로우, 스타트 글로우, 포스트 글로우이다.

44 충전장치의 역할로 틀린 것은?

① 각종 램프에 전력을 공급한다.
② 에어컨 장치에 전력을 공급한다.
③ 축전지에 전력을 공급한다.
④ 기동장치에 전력을 공급한다.

⊕해설
기동장치에 전력을 공급하는 것은 축전지이다.

45 축전지 및 발전기에 대한 설명으로 옳은 것은?

① 시동 전 전원은 발전기이다.
② 시동 후 전원은 배터리이다.
③ 시동 전과 후 모두 전력은 배터리로부터 공급된다.
④ 발전하지 못해도 배터리로만 운행이 가능하다.

⊕해설
기관 시동 전의 전원은 배터리이며, 시동 후의 전원은 발전기이다. 또 발전기가 발전하지 못해도 배터리로만 운행이 가능하다.

정답 34 ③   35 ③   36 ①   37 ③   38 ③   39 ③   40 ③   41 ①   42 ③   43 ④   44 ④   45 ④

46 건설기계의 충전장치에서 가장 많이 사용하고 있는 발전기는?

① 단상 교류 발전기
② 3상 교류 발전기
③ 직류 발전기
④ 와전류 발전기

⊙ 해설
건설기계에서는 주로 3상 교류 발전기를 사용한다.

47 교류 발전기의 주요 구성요소가 아닌 것은?

① 3상 전압을 유도시키는 스테이터
② 전류를 공급하는 계자코일
③ 자계를 발생시키는 로터
④ 다이오드가 설치되어 있는 엔드프레임

⊙ 해설
스테이터(Stator), 로터(Rotor), 정류기(다이오드), 슬립링과 브러시, 엔드 프레임 등으로 되어있다.

48 AC발전기에서 전류가 발생되는 곳은?

① 여자코일
② 레귤레이터
③ 스테이터 코일
④ 계자코일

49 AC발전기에서 다이오드의 역할로 가장 적합한 것은?

① 교류를 정류하고, 역류를 방지한다.
② 전압을 조정한다.
③ 여자전류를 조정하고, 역류를 방지한다.
④ 전류를 조정한다.

⊙ 해설
AC발전기 다이오드의 역할은 교류를 정류하고, 역류를 방지한다.

50 발전기가 충전작용을 하지 못하는 경우에 점검사항이 아닌 것은?

① 레귤레이터
② 솔레노이드 스위치
③ 발전기 구동벨트
④ 충전회로

⊙ 해설
솔레노이드 스위치는 기동전동기의 전자석 스위치이다.

51 엔진정지 상태에서 계기판 전류계의 지침이 정상에서 (–)방향을 지시하고 있다. 그 원인이 아닌 것은?

① 전조등 스위치가 점등위치에서 방전되고 있다.
② 배선에서 누전되고 있다.
③ 엔진 예열장치를 동작시키고 있다.
④ 발전기에서 축전지로 충전되고 있다.

⊙ 해설
발전기에서 축전지로 충전되면 전류계 지침은 (+)방향을 지시한다.

52 다음 전기회로에 대한 설명 중 틀린 것은?

① 절연 불량은 절연물의 균열, 물, 오물 등에 의해 절연이 파괴되는 현상을 말하며, 이때 전류가 차단된다.
② 노출된 전선이 다른 전선과 접촉하는 것을 단락이라 한다.
③ 접촉 불량은 스위치의 접점이 녹거나 단자에 녹이 발생하여 저항 값이 증가하는 것을 말한다.
④ 회로가 절단되거나 커넥터의 결합이 해제되어 회로가 끊어진 상태를 단선이라 한다.

⊙ 해설
절연 불량은 절연물의 균열, 물, 오물 등에 의해 절연이 파괴되는 현상을 말하며, 이때 전류가 누전된다.

53 실드빔식 전조등에 대한 설명으로 맞지 않는 것은?

① 대기 조건에 따라 반사경이 흐려지지 않는다.
② 내부에 불활성 가스가 들어있다.
③ 사용에 따른 광도의 변화가 적다.
④ 필라멘트가 끊어졌을 때 전구를 교환할 수 있다.

⊙ 해설
실드빔형 전조등은 필라멘트가 끊어지면 렌즈나 반사경에 이상이 없어도 전조등 전체를 교환하여야 한다.

54 세미실드빔 형식의 전조등을 사용하는 건설기계에서 전조등 점등되지 않을 때 가장 올바른 조치방법은?

① 렌즈를 교환한다.
② 전조등을 교환한다.
③ 반사경을 교환한다.
④ 전구를 교환한다.

⊙ 해설
세미 실드빔형은 렌즈와 반사경은 녹여 붙였으나 전구는 별개로 설치한 것으로 필라멘트가 끊어지면 전구만 교환하면 된다.

55 야간작업 시 헤드라이트가 한쪽만 점등되었다. 고장 원인으로 가장 거리가 먼 것은?

① 헤드라이트 스위치 불량
② 전구 접지불량
③ 한쪽 회로의 퓨즈 단선
④ 전구 불량

⊙ 해설
헤드라이트 스위치가 불량하면 양쪽 모두 점등이 되지 않는다.

56 방향지시등 전구에 흐르는 전류를 일정한 주기로 단속, 점멸하여 램프의 광도를 증감시키는 것은?

① 디머 스위치
② 플래셔 유닛
③ 파일럿 유닛
④ 방향지시기 스위치

⊙ 해설
플래셔 유닛은 방향지시등 전구에 흐르는 전류를 일정한 주기로 단속, 점멸하여 램프의 광도를 증감시키는 부품이다.

정답 46 ② 47 ② 48 ③ 49 ① 50 ② 51 ④ 52 ① 53 ④ 54 ④ 55 ① 56 ②

57 방향지시등 스위치를 작동할 때 한쪽은 정상이고, 다른 한쪽은 점멸작용이 정상과 다르게(빠르게, 느리게, 작동불량) 작동한다. 고장 원인이 아닌 것은?

① 전구 1개가 단선되었을 때
② 전구를 교체하면서 규정용량의 전구를 사용하지 않았을 때
③ 플래셔 유닛이 고장 났을 때
④ 한쪽 전구소켓에 녹이 발생하여 전압강하가 있을 때

해설
플래셔 유닛이 고장 나면 모든 방향지시등이 점멸되지 않는다.

58 다음의 등화장치 설명 중 내용이 잘못된 것은?

① 후진등은 변속기 시프트레버를 후진위치로 넣으면 점등된다.
② 방향지시등은 방향지시등의 신호가 운전석에서 확인되지 않아도 된다.
③ 번호등은 단독으로 점멸되는 회로가 있어서는 안 된다.
④ 제동등은 브레이크 페달을 밟았을 때 점등된다.

해설
방향지시등의 신호를 운전석에서 확인할 수 있는 파일럿램프가 설치되어 있다.

59 경음기 스위치를 작동하지 않았는데 경음기가 계속 울리고 있다면 그 원인은?

① 경음기 릴레이의 접점이 융착
② 배터리의 과충전
③ 경음기 접지선이 단선
④ 경음기 전원 공급선이 단선

해설
경음기 릴레이의 접점이 융착되면 경음기 스위치를 작동하지 않아도 경음기가 계속 울린다.

60 라디에이터 앞쪽에 설치되며, 고온·고압의 기체냉매를 응축시켜 액화상태로 변화시키는 것은?

① 압축기
② 응축기
③ 건조기
④ 증발기

해설
응축기(Condenser)는 고온·고압의 기체냉매를 냉각에 의해 액체냉매 상태로 변화시킨다.

1 유압의 개요

1) 액체의 성질
① 공기는 압력을 가하면 압축되지만 액체는 압축되지 않는다.
② 액체는 힘과 운동을 전달할 수 있다.
③ 액체는 힘을 증대시킬 수 있고, 감소시킬 수도 있다.

2) 유압장치의 정의
유체의 압력 에너지(유압)를 이용하여 기계적인 일을 하도록 하는 장치이다.

3) 파스칼(Pascal)의 원리
① 밀폐용기 내의 한 부분에 가해진 압력은 액체 내의 전부분에 같은 압력으로 전달된다.
② 정지된 액체의 한 점에 있어서 압력의 크기는 모든 방향에 대해 동일하다.
③ 정지된 액체에 접하고 있는 면에 가해진 압력은 그 면에 수직으로 작용한다.

4) 압력
단위면적에 작용하는 힘, 즉 압력=가해진 힘÷단면적이며, 단위는 kgf/cm², PSI, Pa(kPa, MPa), mmHg, bar, atm, mAq 등을 사용한다.

5) 유량
단위시간에 이동하는 유체의 체적 즉 계통 내에서 이동되는 유체(오일)의 양이며, 단위는 GPM(Gallon Per Minute) 또는 LPM(ℓ/min, Liter Per Minute)을 사용한다.

6) 유압장치의 장점 및 단점

유압장치의 장점
① 작은 동력원으로 큰 힘을 낼 수 있고, 정확한 위치제어가 가능하다.
② 운동방향을 쉽게 변경할 수 있고, 에너지 축적이 가능하다.
③ 과부하 방지가 간단하고 정확하다.
④ 원격제어가 가능하고, 속도제어가 용이하다.
⑤ 무단변속이 가능하고 작동이 원활하다.
⑥ 윤활성, 내마멸성, 방청성이 좋다.
⑦ 힘의 전달 및 증폭과 연속적 제어가 용이하다.

유압장치의 단점
① 고압사용으로 인한 위험성 및 이물질에 민감하다.
② 유온의 영향에 따라 정밀한 속도와 제어가 곤란하다.
③ 폐유에 의해 주변 환경이 오염될 수 있다.
④ 유압유는 가연성이 있어 화재에 위험하다.
⑤ 회로구성이 어렵고 누설되는 경우가 있다.
⑥ 유압유의 온도에 따라서 점도가 변하므로 기계의 속도가 변한다.
⑦ 에너지의 손실이 크며, 관로를 연결하는 곳에서 유체가 누출될 우려가 있다.
⑧ 구조가 복잡하므로 고장 원인의 발견이 어렵다.

2 유압유(작동유)

유압유는 동력전달과 마찰 부분의 윤활작용 및 냉각작용을 하며, 점도지수가 높아야 하며, 점도가 낮으면 유압이 낮아지고, 점도가 높으면 유압이 높아진다. 또 공기가 혼입되면 유압기기의 성능은 저하된다.

1) 유압유의 점도
점도는 점성의 정도를 나타내는 척도이며, 유압유의 성질 중 가장 중요하다. 점도는 온도가 상승하면 저하되고, 온도가 내려가면 높아진다.

2) 유압유의 구비조건
① 압축성, 밀도, 열팽창계수가 작을 것
② 체적탄성계수 및 점도지수가 클 것
③ 인화점 및 발화점이 높고, 내열성이 클 것
④ 화학적 안정성이 클 것, 즉 산화안정성(방청 및 방식성)이 좋을 것
⑤ 기포분리 성능(소포성)이 클 것
⑥ 적절한 유동성과 점성을 갖고 있을 것

3) 유압유 열화 판정방법
① 점도상태로 확인한다.
② 색깔의 변화나 수분, 침전물의 유무로 확인한다.
③ 자극적인 악취유무로 확인(냄새로 확인)한다.
④ 흔들었을 때 생기는 거품이 없어지는 양상을 확인한다.
⑤ 유압유 교환을 판단하는 조건은 점도의 변화, 색깔의 변화, 수분의 함량 여부이다.

3 유압장치의 이상현상

1) 캐비테이션(Cavitation)
캐비테이션은 공동현상이라고도 한다. 유압이 진공에 가까워지면서 기포가 발생하며, 기포가 파괴되어 국부적인 고압이나 소음과 진동이 발생하고, 양정과 효율이 저하되는 현상이다. 방지 방법은 다음과 같다.
① 점도가 알맞은 유압유를 사용한다.
② 흡입구의 양정을 1m 이하로 한다.
③ 유압펌프의 운전속도는 규정 속도 이상으로 하지 않는다.
④ 흡입관의 굵기는 유압펌프 본체의 연결구 크기와 같은 것을 사용한다.

2) 서지 압력(Surge Pressure)
서지 압력이란 과도하게 발생하는 이상 압력의 최댓값이다. 즉 유압회로 내의 밸브를 갑자기 닫았을 때, 유압유의 속도 에너지가 압력 에너지로 변하면서 일시적으로 압력 증가가 크게 생기는 현상이다.

3) 유압 실린더에 숨 돌리기 현상이 생겼을 때 일어나는 현상
① 유압유의 공급이 부족할 때 발생한다.

② 피스톤 작동이 불안정하게 된다.
③ 작동시간의 지연이 생긴다.
④ 서지 압력이 발생한다.

4 유압기기

유압장치의 기본 구성요소는 유압 구동 장치(기관 또는 전동기), 유압 발생 장치(유압펌프), 유압 제어 장치(유압제어 밸브)이다.

1) 오일 탱크

① 오일 탱크의 구조
- 오일 탱크는 유압유를 저장하는 장치이며, 주입구 캡, 유면계, 격판(배플), 스트레이너, 드레인 플러그 등으로 되어있다.
- 유압펌프 흡입 구멍은 탱크 가장 밑면과 어느 정도 공간을 두고 설치하며, 펌프 흡입 구멍에는 스트레이너(오일 여과기)를 설치한다.
- 유압펌프 흡입 구멍과 탱크로의 귀환 구멍(복귀 구멍) 사이에는 격판을 설치한다.
- 유압펌프 흡입 구멍은 탱크로의 귀환 구멍(복귀 구멍)으로부터 될 수 있는 한 멀리 떨어진 위치에 설치한다.

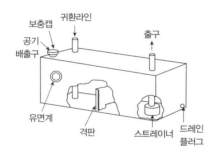

[오일 탱크의 구조]

② 오일 탱크의 기능
- 계통 내의 필요한 유량을 확보(유압유 저장)한다.
- 격판(배플)에 의한 기포발생 방지 및 제거한다.
- 격판을 설치하여 유압유의 출렁거림을 방지한다.
- 스트레이너 설치로 회로 내 불순물 혼입을 방지한다.
- 오일 탱크 외벽의 방열에 의한 적정온도를 유지한다.
- 유압유 수명을 연장하는 역할을 한다.
- 유압유 중의 이물질을 분리하는 작용을 한다.

2) 유압펌프

① 유압펌프의 개요
- 원동기(내연기관, 전동기 등)로부터의 기계적인 에너지를 이용하여 유압유에 압력 에너지를 부여하는 유압기기, 즉 유압펌프는 동력원과 커플링으로 직결되어 있어 동력원이 회전하는 동안에는 항상 회전하여 오일 탱크 내의 유압유를 흡입하여 제어 밸브(Control Valve)로 송유(토출)한다. 종류에는 기어 펌프, 베인 펌프, 피스톤(플런저) 펌프, 나사 펌프, 트로코이드 펌프 등이 있다.
- 가변용량형은 작동 중 유압펌프의 회전속도를 바꾸지 않고도 토출량을 변환시킬 수 있는 형식이고, 정용량형은 유압펌프가 1사이클을 작동할 때 토출량이 일정하며, 토출량을 변화시키려면 펌프의 회전속도를 바꿔야 하는 형식이다.

② 유압펌프의 종류와 특징
- ㉠ 기어 펌프(Gear Pump)
  - 기어 펌프의 특징
  외접 기어 펌프와 내접 기어 펌프가 있으며, 회전속도에 따라 흐름용량이 변화하는 정용량형이다.

기어 펌프의 장점
① 흡입 성능이 우수하므로 유압유의 기포발생이 적어 캐비테이션 발생이 적다.
② 제작이 쉽고, 소형이며 구조가 간단하다.
③ 고속회전이 가능하고, 가혹한 조건에 잘 견딘다.

기어 펌프의 단점
① 토출량의 맥동이 커 소음과 진동이 크고, 수명이 비교적 짧다.
② 대용량 및 초고압 유압펌프로 하기가 곤란하며, 효율이 낮다.

[외접 기어 펌프]　　　[내접 기어 펌프]

- 외접 기어 펌프의 폐입현상
  토출된 유량 일부가 입구 쪽으로 귀환하여 토출량 감소, 축 동력 증가 및 케이싱 마모, 기포 발생 등의 원인을 유발하는 현상이다. 폐입현상은 소음과 진동의 원인이 되며, 폐입된 부분의 유압유는 압축이나 팽창을 받는다. 기어 측면에 접하는 펌프 측판(Side Plate)에 릴리프 홈을 만들어 방지한다.
- ㉡ 베인 펌프(Vane Pump)
  - 베인 펌프의 개요
    - 캠링(케이스), 로터(회전자), 베인으로 되어 있으며, 정용량형과 가변용량형이 있으며, 회전력(Torque)이 안정되어 있다.
    - 로터를 회전시키면 로터와 캠링(케이싱)의 내벽과 밀착된 상태가 되므로 기밀을 유지하게 된다.
    - 베인을 캠링 면에 밀착시키는 방식 중 원심력 방식은 대용량형에, 스프링 방식은 소용량형에서 사용한다.

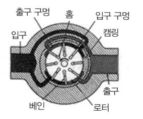

[베인 펌프]

- 베인 펌프의 장점 및 단점

베인 펌프의 장점
① 토출압력의 맥동과 소음이 적다.
② 소형·경량이며, 구조가 간단하고 성능이 좋다.
③ 고장이 적어 수명이 길며 수리 및 관리가 쉽다.
④ 베인의 마모에 의한 압력저하가 발생하지 않는다.

베인 펌프의 단점
① 제작할 때 높은 정밀도가 요구된다.
② 유압유의 점도에 제한을 받는다.
③ 유압유의 오염에 주의하고 흡입진공도가 허용한도 이하여야 한다.

ⓒ 플런저(피스톤) 펌프(Plunger or Piston Pump)
　　펌프실 내의 플런저가 실린더 내를 왕복운동을 하면서 펌프작
　　용을 하며, 맥동적 출력을 하지만 다른 유압펌프에 비하여 일
　　반적으로 최고압력의 토출이 가능하고, 효율에서도 전체 압력
　　범위가 높다.

• 플런저 펌프의 장점 및 단점

플런저 펌프의 장점
① 플런저(피스톤)가 직선운동을 한다.
② 축은 회전 또는 왕복운동을 한다.
③ 가변용량에 적합하다. 즉 토출유량의 변화 범위가 크다.

플런저 펌프의 단점
① 베어링에 가해지는 부하가 크다.
② 구조가 복잡하여 수리가 어렵고, 값이 비싸다.
③ 흡입 능력이 낮다.

• 플런저 펌프의 분류
　－ 액시얼형 플런저 펌프 : 플런저를 펌프 축과 평행하게 설치하
　　며, 플런저(피스톤)가 경사판에 연결되어 회전한다. 경사판의
　　기능은 유압펌프의 용량조절이며, 유압펌프 중에서 발생 유압
　　이 가장 높다.

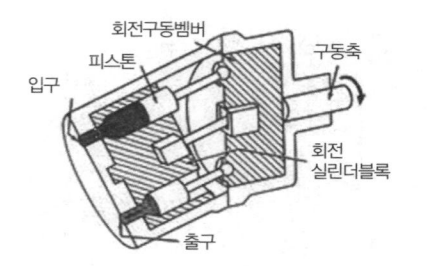

[플런저 펌프(액시얼형)]

　－ 레이디얼형 플런저 펌프 : 플런저가 펌프 축에 직각으로, 즉
　　반지름 방향으로 배열되어 있다. 기본 작동은 간단하지만 구
　　조가 복잡하다.

③ 유압펌프의 용량 표시방법
　주어진 압력과 그 때의 토출유량으로 표시하며, 토출유량이란 펌
　프가 단위시간당 토출하는 액체의 체적이다. 토출유량의 단위는
　LPM(ℓ/min)이나 GPM(Gallon Per Minute)을 사용한다.

3) 제어 밸브(Control Valve)

① 제어 밸브의 개요
　유압유의 압력, 유량 또는 방향을 제어하는 밸브의 총칭이다.
　• 일의 크기를 결정하는 압력 제어 밸브
　• 일의 속도를 결정하는 유량 제어 밸브
　• 일의 방향을 결정하는 방향 제어 밸브

② 압력 제어 밸브
　유압회로 중 유압을 일정하게 유지하거나 최고압력을 제한하는
　밸브이며, 종류에는 릴리프 밸브, 감압(리듀싱) 밸브, 시퀀스밸
　브, 무부하(언로더) 밸브, 카운터 밸런스 밸브 등이 있다.
　• 릴리프 밸브(Relief Valve)
　　－ 유압펌프 출구와 제어 밸브 입구 사이 즉, 유압펌프와 방향
　　　제어 밸브 사이에 설치되며, 유압장치 내의 압력을 일정하게
　　　유지하고, 최고압력을 제한하여 회로를 보호하며, 과부하 방
　　　지와 유압기기의 보호를 위하여 최고 압력을 규제한다.

　　－ 유압이 규정 값보다 높아 질 때 작동하여 계통을 보호한다.
　　　릴리프 밸브의 작동이 불량하면 작업 중 힘이 떨어진다.
　　－ 크랭킹 압력이란 릴리프 밸브에서 포핏밸브를 밀어 올려 유압
　　　유가 흐르기 시작할 때의 압력이다.
　　－ 채터링(Chattering)이란 릴리프 밸브의 볼(Ball)이 밸브의
　　　시트를 때려 소음을 발생시키는 현상이다.
　• 감압 밸브(리듀싱, Reducing Valve)
　　유압 회로에서 메인 유압보다 낮은 압력으로 유압 액추에이터를
　　동작시키고자 할 때 사용한다. 즉 회로 일부의 압력을 릴리프 밸
　　브의 설정 압력 이하로 하고 싶을 때 사용한다.
　• 시퀀스 밸브(Sequence Valve)
　　유압원에서의 주 회로부터 유압 실린더 등이 2개 이상의 분기회
　　로를 가질 때, 각 유압 실린더를 일정한 순서로 순차적으로 작동
　　시킨다.
　• 무부하 밸브(언로더 밸브, Unloader Valve)
　　－ 유압회로 내의 압력이 설정 압력에 도달하면 펌프에서 토출된
　　　유압유를 전부 탱크로 회송시켜 펌프를 무부하로 운전시키는
　　　데 사용한다.
　• 카운터 밸런스 밸브(Counter Balance Valve)
　　－ 체크 밸브가 내장되는 밸브이며, 유압 회로의 한방향의 흐름
　　　에 대해서는 설정된 배압을 생기게 하고, 다른 방향의 흐름은
　　　자유롭게 흐르도록 한다. 즉 중력 및 자체중량에 의한 자유낙
　　　하 등을 방지하기 위하여 회로에 배압을 유지한다.

③ 유량 제어 밸브
　• 유량 제어 밸브의 기능
　　액추에이터의 작동 속도를 조정하기 위하여 사용한다.
　• 유량 제어 밸브의 종류
　　종류에는 속도제어 밸브, 급속배기 밸브, 분류 밸브, 니들 밸
　　브, 오리피스 밸브, 교축 밸브(스로틀 밸브), 스톱 밸브, 스로틀
　　체크 밸브가 있다.

④ 방향 제어 밸브
　• 방향 제어 밸브의 기능
　　유체의 흐름 방향을 변환하며, 유체의 흐름 방향을 한쪽으로만
　　허용한다. 즉 유압 실린더나 유압 모터의 작동 방향을 바꾸는 데
　　사용한다.
　• 방향 제어 밸브의 종류
　　－ 스풀 밸브(Spool Valve) : 액추에이터의 방향 전환 밸브이
　　　며, 원통형 슬리브 면에 내접한 후 축 방향으로 이동하여 유
　　　로를 개폐하는 형식의 밸브이다. 즉 유압유 흐름 방향을 바꾸
　　　기 위해 사용한다.
　　－ 체크 밸브(Check Valve) : 유압회로에서 역류를 방지하고
　　　회로 내의 잔류 압력을 유지한다. 즉 유압유의 흐름을 한쪽으
　　　로만 허용하고 반대 방향의 흐름을 제어한다.
　　－ 셔틀 밸브(Shuttle Valve) : 2개 이상의 입구와 1개의 출구
　　　가 설치되어 있으며, 출구가 최고 압력의 입구를 선택하는 기
　　　능을 가진 밸브이다.
　　－ 디셀러레이션 밸브(Deceleration Valve) : 유압 실린더를
　　　행정 최종 단에서 실린더의 속도를 감속하여 서서히 정지시키
　　　고자 할 때 사용하며 캠(Cam)으로 조작된다.

4) 액추에이터(Actuator)

액추에이터는 유압유의 압력 에너지(힘)를 기계적 에너지(일)로 변환시키는 작용을 하는 장치이다. 즉 유압펌프를 통하여 송출된 에너지를 직선운동이나 회전운동을 통해 기계적 일을 하는 장치이다. 종류에는 유압 실린더와 유압 모터가 있다.

① 유압 실린더(Hydraulic Cylinder)

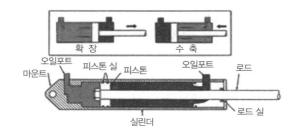

[유압 실린더의 구조]

- 실린더, 피스톤, 피스톤 로드로 구성된 직선 왕복운동을 하는 액추에이터이며, 종류에는 단동 실린더, 복동 실린더(싱글 로드형과 더블 로드형), 다단 실린더, 램형 실린더 등이 있다.
- 단동 실린더형은 한쪽 방향에 대해서만 유효한 일을 하고, 복귀는 중력이나 복귀스프링을 통해 한다. 복동 실린더형은 피스톤의 양쪽에 유압유를 교대로 공급하여 양방향의 운동을 유압으로 작동시킨다.
- 지지방식에는 푸트형, 플랜지형, 트러니언형, 클레비스형이 있다.
- 쿠션기구는 실린더의 피스톤이 고속으로 왕복운동할 때 행정의 끝에서 피스톤이 커버에 충돌하여 발생하는 충격을 흡수하고, 그 충격력에 의해서 발생하는 유압 회로의 악영향이나 유압기기의 손상을 방지하기 위해서 설치한다.

② 유압 모터(Hydraulic Motor)

유압 에너지에 의해 연속적으로 회전운동 하여 기계적인 일을 하는 장치이며, 종류에는 기어 모터, 베인 모터, 플런저 모터가 있다. 용량은 입구압력(kgf/cm^2)당 토크로 나타낸다.

- 유압 모터의 장점
  - 넓은 범위의 무단변속이 쉽다.
  - 소형 · 경량으로서 큰 출력을 낼 수 있다.
  - 구조가 간단하며, 과부하에 대해 안전하다.
  - 정 · 역회전 변화가 가능하다.
  - 자동 원격조작이 가능하고 작동이 신속 · 정확하다.
  - 전동 모터에 비하여 급속정지가 쉽다.
  - 속도나 방향의 제어가 용이하고, 관성이 작아 응답성이 빠르다.

5) 부속장치

① 어큐뮬레이터(축압기, Accumulator)

유압펌프에서 발생한 유압을 저장하고, 맥동을 소멸시키고 유압 에너지의 저장, 충격 흡수 등에 이용되는 기구이다. 용도는 압력 보상, 체적변화 보상, 유압 에너지 축적, 유압회로 보호, 맥동감쇠, 충격 압력 흡수, 일정 압력 유지, 보조 동력원으로 사용 등이다. 블래더형 어큐뮬레이터의 고무주머니 내에는 질소가스를 주입한다.

[어큐뮬레이터의 구조]

② 오일 여과기(Oil Filter)

- 금속 등 마모된 찌꺼기나 카본 덩어리 등의 이물질을 제거하는 장치이며, 종류에는 흡입 여과기, 고압 여과기, 저압 여과기 등이 있다.
- 스트레이너는 유압펌프의 흡입 쪽에 설치되어 여과작용을 한다.
- 오일 여과기의 여과입도가 너무 조밀하면(여과 입도수가 높으면) 공동현상(캐비테이션)이 발생한다.

③ 오일 냉각기(Oil Cooler)

- 오일량은 정상인데 유압유가 과열하면 가장 먼저 오일 냉각기를 점검한다.
- 구비조건은 촉매작용이 없을 것, 오일 흐름에 저항이 작을 것, 온도조정이 잘 될 것, 정비 및 청소하기가 편리할 것 등이다.
- 수냉식 오일 냉각기는 소형으로 냉각능력은 크지만 고장이 발생하면 오일 중에 물이 혼입될 우려가 있다.

④ 유압호스

- 플렉시블 호스는 내구성이 강하고 작동 및 움직임이 있는 곳에 사용하기 적합하다.
- 가장 큰 압력에 견딜 수 있는 것은 나선 와이어 블레이드 호스이다.
- 릴리프 밸브의 설정압력 높으면 고압호스가 자주 파열된다.

⑤ 오일 실(Oil Seal)

유압 작동 부분에서 유압유의 누유를 방지하는 부품이며, 유압유가 누유 되면 가장 먼저 오일 실(Seal)을 점검한다.

- O-링은 유압기기의 고정부위에서 누유를 방지하며, 탄성이 양호하고, 압축 변형이 적을 것

5. 유압 회로 및 기호

1) 유압 회로

① 유압의 기본 회로

유압의 기본 회로에는 오픈(개방) 회로, 클로즈(밀폐) 회로, 병렬 회로, 직렬 회로, 탠덤 회로 등이 있다.

② 속도 제어 회로

유압 회로에서 유량 제어를 통하여 작업속도를 조절하는 방식에는 미터인 회로, 미터 아웃 회로, 블리드 오프 회로 등이 있다.

- 미터-인 회로(Meter-In Circuit) : 액추에이터의 입구 쪽 관로에 설치한 유량 제어 밸브로 유량을 제어하여 속도를 제어한다.
- 미터-아웃 회로(Meter-Out Circuit) : 액추에이터의 출구 쪽 관로에 설치한 유량 제어 밸브로 유량을 제어하여 속도를 제어한다.
- 블리드 오프 회로 : 유량 제어 밸브를 실린더와 병렬로 설치하여 유압펌프 토출량 중 일정한 양을 탱크로 되돌리므로 릴리프 밸

브에서 과잉 압력을 줄일 필요가 없는 장점이 있으나 부하 변동이 급격한 경우에는 정확한 유량 제어가 곤란하다.

2) 유압 기호

① 유압장치의 기호 회로도에 사용되는 유압 기호의 표시방법
- 기호에는 흐름의 방향을 표시한다.
- 각 기기의 기호는 정상상태 또는 중립상태를 표시한다.
- 오해의 위험이 없는 경우에는 기호를 회전하거나 뒤집어도 된다.
- 기호에는 각 기기의 구조나 작용압력을 표시하지 않는다.
- 기호가 없어도 바르게 이해할 수 있는 경우에는 드레인 관로를 생략해도 된다.

② 기호 회로도

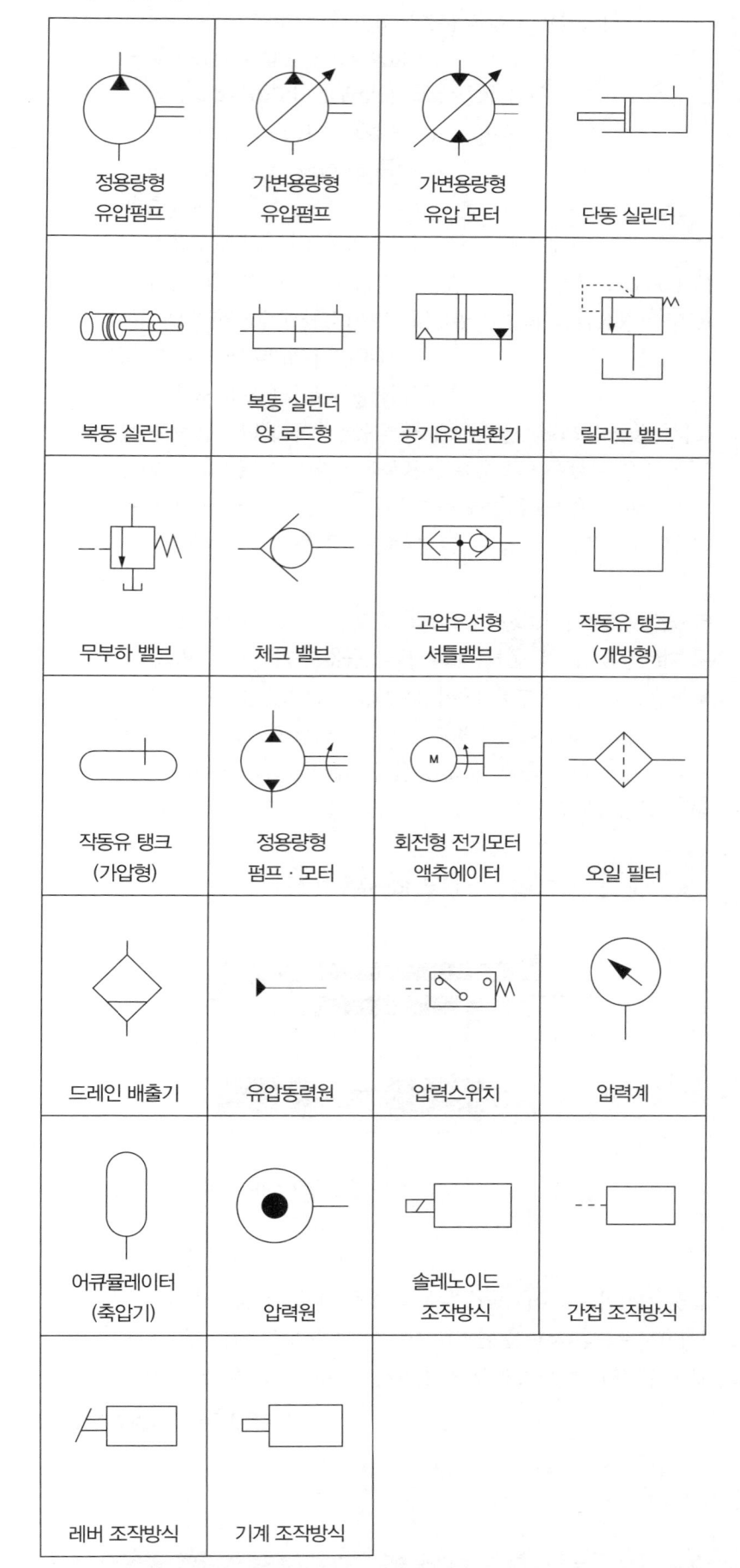

정용량형 유압펌프	가변용량형 유압펌프	가변용량형 유압 모터	단동 실린더
복동 실린더	복동 실린더 양 로드형	공기유압변환기	릴리프 밸브
무부하 밸브	체크 밸브	고압우선형 셔틀밸브	작동유 탱크 (개방형)
작동유 탱크 (가압형)	정용량형 펌프·모터	회전형 전기모터 액추에이터	오일 필터
드레인 배출기	유압동력원	압력스위치	압력계
어큐뮬레이터 (축압기)	압력원	솔레노이드 조작방식	간접 조작방식
레버 조작방식	기계 조작방식		

3) 플러싱

① 유압장치 내에 슬러지 등이 생겼을 때 이것을 용해하여 장치를 깨끗이 하는 작업을 말한다.
② 플러싱 후의 처리방법은 다음과 같다.
- 오일 탱크 내부를 다시 청소한다.
- 유압유 보충은 플러싱이 완료된 후 즉시 하는 것이 좋다.
- 잔류 플러싱 오일을 반드시 제거하여야 한다.
- 라인필터 엘리먼트를 교환한다.

굴착기운전기능사 출제예상문제

1 유압장치를 가장 적절히 표현한 것은?

① 오일을 이용하여 전기를 생산하는 것
② 큰 물체를 들어올리기 위해 기계적인 이점을 이용하는 것
③ 액체로 전환시키기 위해 기체를 압축시키는 것
④ 유체의 압력 에너지를 이용하여 기계적인 일을 하도록 하는 것

⊕ 해설
유압장치란 유체의 압력 에너지를 이용하여 기계적인 일을 하도록 하는 것이다.

2 유압장치의 작동 원리는 어느 이론에 바탕을 둔 것인가?

① 파스칼의 원리
② 에너지 보존의 법칙
③ 보일의 원리
④ 열역학 제1법칙

⊕ 해설
건설기계에 사용되는 유압장치는 파스칼의 원리를 이용한다.

3 유체의 압력에 영향을 주는 요소로 가장 관계가 적은 것은?

① 유체의 점도
② 관로의 직경
③ 유체의 흐름량
④ 유체의 흐름 방향

⊕ 해설
압력에 영향을 주는 요소는 유체의 흐름량, 유체의 점도, 관로 직경의 크기이다.

4 다음 보기에서 압력의 단위만 나열한 것은?

[보기]			
ㄱ. psi	ㄴ. kgf/cm²	ㄷ. bar	ㄹ. N·m

① ㄱ, ㄴ, ㄷ
② ㄱ, ㄴ, ㄹ
③ ㄴ, ㄷ, ㄹ
④ ㄱ, ㄷ, ㄹ

⊕ 해설
압력의 단위에는 kgf/cm², PSI, atm, Pa(kPa, MPa), mmHg, bar, atm, mAq 등이 있다.

5 작동유가 넓은 온도 범위에서 사용되기 위한 조건으로 가장 알맞은 것은?

① 산화 작용이 양호해야 한다.
② 점도지수가 높아야 한다.
③ 소포성이 좋아야 한다.
④ 유성이 커야 한다.

⊕ 해설
작동유가 넓은 온도 범위에서 사용되기 위해서는 점도지수가 높아야 한다.

6 유압유의 첨가제가 아닌 것은?

① 마모방지제
② 유동점 강하제
③ 산화 방지제
④ 점도지수 방지제

⊕ 해설
유압유 첨가제에는 마모방지제, 점도지수 향상제, 산화방지제, 소포제(기포방지제), 유동점 강하제 등이 있다.

7 유압유에 사용되는 첨가제 중 산의 생성을 억제함과 동시에 금속의 표면에 부식억제 피막을 형성하여 산화 물질이 금속에 직접 접촉하는 것을 방지하는 것은?

① 산화방지제
② 산화촉진제
③ 소포제
④ 방청제

⊕ 해설
산화방지제는 산의 생성을 억제함과 동시에 금속의 표면에 부식억제 피막을 형성하여 산화 물질이 금속에 직접 접촉하는 것을 방지한다.

8 현장에서 오일의 오염도 판정방법 중 가열한 철판 위에 오일을 떨어뜨리는 방법은 오일의 무엇을 판정하기 위한 방법인가?

① 먼지나 이물질 함유
② 오일의 열화
③ 수분함유
④ 산성도

⊕ 해설
작동유의 수분함유 여부를 판정하기 위해서는 가열한 철판 위에 오일을 떨어뜨려 본다.

9 펌프에서 진동과 소음이 발생하고 양정과 효율이 급격히 저하되며, 날개차 등에 부식을 일으키는 등 펌프의 수명을 단축시키는 것은?

① 펌프의 비속도
② 펌프의 공동 현상
③ 펌프의 채터링 현상
④ 펌프의 서징 현상

⊕ 해설
공동 현상(캐비테이션)은 유압이 진공에 가까워짐으로서 기포가 발생하며, 기포가 파괴되어 국부적인 고압이나 소음과 진동이 발생하고, 양정과 효율이 저하되는 현상이다.

10 공동(Cavitation) 현상이 발생하였을 때의 영향 중 가장 거리가 먼 것은?

① 체적효율이 감소한다.
② 고압부분의 기포가 과포화상태로 된다.
③ 최고압력이 발생하여 급격한 압력파가 일어난다.
④ 유압장치 내부에 국부적인 고압이 발생하여 소음과 진동이 발생된다.

⊕ 해설
공동 현상이 발생하면 최고압력이 발생하여 급격한 압력파가 일어나고, 체적효율이 감소되며, 유압장치 내부에 국부적인 고압이 발생하여 소음과 진동이 발생된다.

11 유압 회로 내의 밸브를 갑자기 닫았을 때, 오일의 속도 에너지가 압력 에너지로 변하면서 일시적으로 큰 압력 증가가 생기는 현상을 무엇이라 하는가?

① 캐비테이션(Cavitation) 현상
② 서지(Surge) 현상
③ 채터링(Chattering) 현상
④ 에어레이션(Aeration) 현상

⊕ 해설
서지 현상은 유압 회로 내의 밸브를 갑자기 닫았을 때, 오일의 속도 에너지가 압력 에너지로 변하면서 일시적으로 큰 압력 증가가 생기는 현상이다.

정답 1 ④ 2 ① 3 ④ 4 ① 5 ② 6 ④ 7 ① 8 ③ 9 ② 10 ② 11 ②

12 유압 실린더의 숨 돌리기 현상이 생겼을 때 일어나는 현상이 아닌 것은?

① 작동지연 현상이 생긴다.
② 서지압이 발생한다.
③ 오일의 공급이 과대해진다.
④ 피스톤 작동이 불안정하게 된다.

해설
유압 실린더의 숨 돌리기 현상이 생겼을 때 일어나는 현상은 ①, ②, ④항 이외에 오일의 공급이 부족해지는 것이다.

13 다음 보기 중 유압 오일 탱크의 기능으로 모두 맞는 것은?

[보기]
ㄱ. 계통 내의 필요한 유량 확보
ㄴ. 격판에 의한 기포 분리 및 제거
ㄷ. 계통 내의 필요한 압력 설정
ㄹ. 스트레이너 설치로 회로 내 불순물 혼입 방지

① ㄱ, ㄴ, ㄷ
② ㄱ, ㄴ, ㄹ
③ ㄴ, ㄷ, ㄹ
④ ㄱ, ㄷ, ㄹ

14 건설기계 유압 일반의 작동유 탱크의 구비조건 중 거리가 가장 먼 것은?

① 배유구(드레인 플러그)와 유면계를 두어야 한다.
② 흡입관과 복귀관 사이에 격판(차폐장치, 격리판)을 두어야 한다.
③ 유면을 흡입라인 아래까지 항상 유지할 수 있어야 한다.
④ 흡입 작동유 여과를 위한 스트레이너를 두어야 한다.

해설
유면은 적정위치 "Full"에 가깝게 유지하여야 한다.

15 유압장치에 사용되는 펌프가 아닌 것은?

① 기어 펌프
② 원심 펌프
③ 베인 펌프
④ 플런저 펌프

해설
유압펌프의 종류에는 기어 펌프, 베인 펌프, 피스톤(플런저) 펌프, 나사 펌프, 트로코이드 펌프 등이 있다.

16 기어 펌프(Gear Pump)에 대한 설명으로 모두 맞는 것은?

[보기]
ㄱ. 정용량 펌프이다.
ㄴ. 가변용량 펌프이다.
ㄷ. 제작이 용이하다.
ㄹ. 다른 펌프에 비해 소음이 크다.

① ㄱ, ㄴ, ㄷ
② ㄱ, ㄴ, ㄹ
③ ㄴ, ㄷ, ㄹ
④ ㄱ, ㄷ, ㄹ

해설
기어 펌프는 회전속도에 따라 흐름용량이 변화하는 정용량형이며, 제작은 쉬우나 다른 펌프에 비해 소음이 큰 단점이 있다.

17 외접식 기어 펌프에서 보기의 특징이 나타내는 현상은?

토출된 유량 일부가 입구 쪽으로 귀환하여 토출량 감소, 축동력 증가 및 케이싱 마모 등의 원인을 유발하는 현상

① 폐입현상
② 공동 현상
③ 숨 돌리기 현상
④ 열화촉진 현상

해설
폐입현상이란 토출된 유량 일부가 입구 쪽으로 귀환하여 토출량 감소, 축 동력 증가 및 케이싱 마모, 기포 발생 등의 원인을 유발하는 현상이다.

18 날개로 펌핑 동작을 하며, 소음과 진동이 적은 유압펌프는?

① 기어 펌프
② 플런저 펌프
③ 베인 펌프
④ 나사 펌프

해설
베인 펌프는 원통형 캠링 안에 편심 된 로터가 들어 있으며 로터에는 홈이 있고, 그 홈 속에 판 모양의 날개(Vane)가 끼워져 자유롭게 작동유가 출입할 수 있도록 되어 있다.

19 베인 펌프의 일반적인 특징이 아닌 것은?

① 대용량, 고속 가변형에 적합하지만 수명이 짧다.
② 맥동과 소음이 적다.
③ 간단하고 성능이 좋다.
④ 소형, 경량이다.

해설
베인 펌프는 소형, 경량이며 구조가 간단하고 성능이 좋고 맥동과 소음이 적으며 수명이 길다.

20 유압펌프에서 토출압력이 가장 높은 것은?

① 베인 펌프
② 기어 펌프
③ 액시얼 플런저 펌프
④ 레이디얼 플런저 펌프

해설
유압펌프의 토출압력은 액시얼 플런저 펌프가 가장 높다.

21 유압펌프의 토출량을 표시하는 단위로 옳은 것은?

① L/min
② kgf · m
③ kgf/cm²
④ kW 또는 PS

해설
유압펌프 토출량의 단위는 L/min(LPM)이나 GPM을 사용한다.

22 유압펌프 내의 내부 누설은 무엇에 반비례하여 증가하는가?

① 작동유의 오염
② 작동유의 점도
③ 작동유의 압력
④ 작동유의 온도

해설
유압펌프 내의 내부 누설은 작동유의 점도에 반비례하여 증가한다.

23 유압펌프의 작동유 유출 여부 점검방법에 해당하지 않는 것은?

① 정상작동 온도로 난기운전을 실시하여 점검하는 것이 좋다.
② 고정 볼트가 풀린 경우에는 추가 조임을 한다.
③ 작동유 유출 점검은 운전자가 관심을 가지고 점검하여야 한다.
④ 하우징에 균열이 발생되면 패킹을 교환한다.

24 유압장치에서 압력 제어 밸브가 아닌 것은?

① 릴리프 밸브   ② 감압 밸브
③ 시퀀스 밸브   ④ 서보 밸브

⊕ 해설
압력 제어 밸브는 릴리프 밸브, 리듀싱(감압) 밸브, 시퀀스 밸브, 언로더(무부하) 밸브, 카운터 밸런스 밸브 등이 있다.

25 유압 계통에서 릴리프 밸브의 스프링 장력이 약화될 때 발생될 수 있는 현상은?

① 채터링 현상   ② 노킹 현상
③ 블로바이 현상   ④ 트램핑 현상

⊕ 해설
채터링이란 릴리프 밸브에서 스프링 장력이 약할 때 볼이 밸브의 시트를 때려 소음을 내는 진동현상이다.

26 유압으로 작동되는 작업 장치에서 작업 중 힘이 떨어질 때의 원인과 가장 밀접한 밸브는?

① 메인 릴리프 밸브
② 체크(Check) 밸브
③ 방향 전환 밸브
④ 메이크업 밸브

⊕ 해설
작업 장치에서 작업 중 힘이 떨어지면 메인 릴리프 밸브를 점검한다.

27 유압 회로에서 어떤 부분 회로의 압력을 주 회로의 압력보다 저압으로 해서 사용하고자 할 때 사용하는 밸브는?

① 릴리프 밸브   ② 리듀싱 밸브
③ 체크 밸브   ④ 카운터 밸런스 밸브

⊕ 해설
감압(리듀싱) 밸브는 회로 일부의 압력을 릴리프 밸브의 설정 압력(메인 유압) 이하로 하고 싶을 때 사용하며 입구(1차 쪽)의 주 회로에서 출구(2차 쪽)의 감압 회로로 유압유가 흐른다. 상시 개방 상태로 되어 있다가 출구(2차 쪽)의 압력이 감압 밸브의 설정 압력보다 높아지면 밸브가 작용하여 유로를 닫는다.

28 감압 밸브에 대한 설명으로 틀린 것은?

① 상시 폐쇄 상태로 되어있다.
② 입구(1차 쪽)의 주 회로에서 출구(2차 쪽)의 감압회로로 유압유가 흐른다.
③ 유압장치에서 회로 일부의 압력을 릴리프 밸브의 설정 압력 이하로 하고 싶을 때 사용한다.
④ 출구(2차 쪽)의 압력이 감압 밸브의 설정 압력보다 높아지면 밸브가 작용하여 유로를 닫는다.

29 유압 회로 내의 압력이 설정 압력에 도달하면 펌프에서 토출된 오일을 전부 탱크로 회송시켜 펌프를 무부하로 운전시키는 데 사용하는 밸브는?

① 언로더 밸브   ② 카운터 밸런스 밸브
③ 체크 밸브   ④ 시퀀스 밸브

⊕ 해설
언로더(무부하) 밸브는 유압 회로 내의 압력이 설정 압력에 도달하면 펌프에서 토출된 오일을 전부 탱크로 회송시켜 펌프를 무부하로 운전시키는 데 사용한다.

30 내경이 작은 파이프에서 미세한 유량을 조정하는 밸브는?

① 압력보상 밸브   ② 니들 밸브
③ 바이패스 밸브   ④ 스로틀 밸브

⊕ 해설
니들 밸브는 내경이 작은 파이프에서 미세한 유량을 조절한다.

31 오일을 한쪽 방향으로만 흐르게 하는 밸브는?

① 체크 밸브   ② 로터리 밸브
③ 파일럿 밸브   ④ 릴리프 밸브

⊕ 해설
체크 밸브(첵 밸브)는 역류를 방지하고, 회로 내의 잔류압력을 유지시키며, 오일의 흐름이 한쪽 방향으로만 가능하게 한다.

32 일반적으로 캠(Cam)으로 조작되는 유압 밸브로써 액추에이터의 속도를 서서히 감속시키는 밸브는?

① 디셀러레이션 밸브   ② 카운터 밸런스 밸브
③ 방향 제어 밸브   ④ 프레필 밸브

⊕ 해설
디셀러레이션 밸브는 캠(Cam)으로 조작되는 유압 밸브이며 액추에이터의 속도를 서서히 감속시킬 때 사용한다.

33 방향 제어 밸브에서 내부 누유에 영향을 미치는 요소가 아닌 것은?

① 관로의 유량   ② 밸브 간극의 크기
③ 밸브 양단의 압력차   ④ 유압유의 점도

⊕ 해설
방향 제어 밸브에서 내부 누유에 영향을 미치는 요소는 밸브 간극의 크기, 밸브 양단의 압력차, 유압유의 점도 등이다.

34 방향 전환 밸브 중 4포트 3위치 밸브에 대한 설명으로 틀린 것은?

① 직선형 스풀 밸브이다.
② 스풀의 전환 위치가 3개이다.
③ 밸브와 주 배관이 접속하는 접속구는 3개이다.
④ 중립 위치를 제외한 양끝 위치에서 4포트 2위치

⊕ 해설
밸브와 주 배관이 접속하는 접속구는 4개이다.

35 유압유의 유체 에너지(압력, 속도)를 기계적인 일로 변환시키는 유압장치는?

① 유압펌프   ② 유압 액추에이터
③ 어큐뮬레이터   ④ 유압 밸브

⊕ 해설
유압 액추에이터는 압력(유압) 에너지를 기계적 에너지(일)로 바꾸는 장치이다.

36 유압 실린더의 종류에 해당하지 않는 것은?

① 복동 실린더 싱글로드형   ② 복동 실린더 더블로드형
③ 단동 실린더 배플형   ④ 단동 실린더 램형

⊕ 해설
유압 실린더의 종류에는 단동 실린더, 복동 실린더(싱글로드형과 더블로드형), 다단 실린더, 램형 실린더 등이 있다.

정답   **24** ④   **25** ①   **26** ①   **27** ②   **28** ①   **29** ①   **30** ②   **31** ①   **32** ①   **33** ①   **34** ③   **35** ②   **36** ③

37 유압 실린더 중 피스톤의 양쪽에 유압유를 교대로 공급하여 양방향의 운동을 유압으로 작동시키는 형식은?

① 단동식   ② 복동식
③ 다동식   ④ 편동식

🔍 해설
복동식은 유압 실린더 피스톤의 양쪽에 유압유를 교대로 공급하여 양방향의 운동을 유압으로 작동시킨다.

38 다음 보기 중 유압 실린더에서 발생되는 피스톤 자연하강 현상(Cylinder Drift)의 발생 원인으로 모두 맞는 것은?

```
                    [보기]
ㄱ. 작동압력이 높을 때
ㄴ. 실린더 내부 마모
ㄷ. 컨트롤 밸브의 스풀 마모
ㄹ. 릴리프 밸브의 불량
```

① ㄱ, ㄴ, ㄷ   ② ㄱ, ㄴ, ㄹ
③ ㄴ, ㄷ, ㄹ   ④ ㄱ, ㄷ, ㄹ

39 유압 실린더의 작동속도가 정상보다 느릴 경우, 예상되는 원인으로 가장 적합한 것은?

① 계통 내의 흐름 용량이 부족하다.
② 작동유의 점도가 약간 낮아짐을 알 수 있다.
③ 작동유의 점도지수가 높다.
④ 릴리프 밸브의 설정 압력이 너무 높다.

🔍 해설
유압 계통 내의 흐름 용량(유량)이 부족하면 유압 실린더의 작동속도가 느려진다.

40 유압장치에서 작동유압 에너지에 의해 연속적으로 회전운동함으로써 기계적인 일을 하는 것은?

① 유압 모터
② 유압 실린더
③ 유압제어 밸브
④ 유압탱크

🔍 해설
유압 모터는 유압 에너지에 의해 연속적으로 회전운동 함으로서 기계적인 일을 하는 액추에이터(작동기)이다.

41 유압 모터의 장점이 아닌 것은?

① 관성력이 크며, 소음이 크다.
② 전동 모터에 비하여 급속정지가 쉽다.
③ 광범위한 무단변속을 얻을 수 있다.
④ 작동이 신속·정확하다.

🔍 해설
유압 모터는 관성력과 소음이 적다.

42 축압기의 용도로 적합하지 않은 것은?

① 유압 에너지 저장   ② 충격 흡수
③ 유량분배 및 제어   ④ 압력보상

🔍 해설
축압기의 용도는 압력보상, 체적변화 보상, 유압 에너지 축적, 유압회로 보호, 맥동감쇠, 충격 압력 흡수, 일정 압력 유지, 보조 동력원으로 사용 등이 있다.

43 유압장치의 수명연장을 위해 가장 중요한 요소는?

① 오일 탱크의 세척   ② 오일 냉각기의 점검 및 세척
③ 오일펌프의 교환   ④ 오일 필터의 점검 및 교환

🔍 해설
유압장치의 수명연장을 위한 가장 중요한 요소는 오일 및 오일 필터의 점검 및 교환이다.

44 유압장치에서 오일 쿨러(Oil Cooler)의 구비조건으로 틀린 것은?

① 촉매작용이 없을 것
② 오일 흐름에 저항이 클 것
③ 온도 조정이 잘 될 것
④ 정비 및 청소하기가 편리할 것

45 유압 건설기계의 고압호스가 자주 파열되는 원인으로 가장 적합한 것은?

① 유압펌프의 고속회전
② 오일의 점도 저하
③ 릴리프 밸브의 설정 압력 불량
④ 유압 모터의 고속회전

🔍 해설
릴리프 밸브의 설정 압력이 높으면 고압호스가 자주 파열된다.

46 유압장치에 사용되는 오일실의 종류 중 O-링이 갖추어야 할 조건은?

① 체결력이 작을 것
② 작동 시 마모가 클 것
③ 오일의 누설이 클 것
④ 탄성이 양호하고 압축변형이 적을 것

🔍 해설
O-링은 탄성이 양호하고, 압축변형이 적을 것

47 액추에이터의 입구 쪽 관로에 유량 제어 밸브를 직렬로 설치하여 작동유의 유량을 제어함으로서 액추에이터의 속도를 제어하는 회로는?

① 시스템 회로(System Circuit)
② 블리드 오프 회로 (Bleed-Off Circuit)
③ 미터 인 회로(Meter-In Circuit)
④ 미터 아웃 회로(Meter-Out Circuit)

🔍 해설
미터 인 회로는 유압 액추에이터의 입력 쪽에 유량 제어 밸브를 직렬로 연결하여 액추에이터로 유입되는 유량을 제어해서 액추에이터의 속도를 제어한다.

48 유압장치의 기호 회로도에 사용되는 유압 기호의 표시방법으로 적합하지 않은 것은?

① 기호에는 흐름의 방향을 표시한다.
② 각 기기의 기호는 정상상태 또는 중립상태를 표시한다.
③ 기호는 어떠한 경우에도 회전하여서는 안 된다.
④ 기호에는 각 기기의 구조나 작용압력을 표시하지 않는다.

🔍 해설
기호는 오해의 위험이 없는 경우에는 기호를 회전하거나 뒤집어도 된다.

49 그림의 유압 기호는 무엇을 표시하는가?

① 공기유압 변환기   ② 증압기
③ 촉매 컨버터   ④ 어큐뮬레이터

50 유압장치에서 가변용량형 유압펌프의 기호는?

①    ②

③   ④

51 아래 그림의 KS 유압 · 공기압 도면기호는?

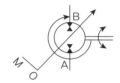

① 가변용량형 유압펌프, 모터
② 정용량형 유압 피스톤
③ 가역회전형 실린더
④ 아날로그 변환기

52 그림과 같은 유압 기호에 해당하는 밸브는?

① 체크 밸브
② 카운터 밸런스 밸브
③ 릴리프 밸브
④ 리듀싱 밸브

53 단동 실린더의 기호 표시로 맞는 것은?

①   ②

③ ④

54 복동 실린더 양 로드형을 나타내는 유압 기호는?

① ②

③ ④

55 방향 전환 밸브의 조작방식에서 단동 솔레노이드 기호는?

①   ②

③ ④

> **해설**
> ①항은 솔레노이드 조작방식, ②항은 간접 조작방식, ③항은 레버 조작방식, ④항은 기계 조작방식

56 체크 밸브를 나타낸 것은?

① 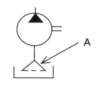   ②

③ ④

57 그림의 유압 기호에서 "A" 부분이 나타내는 것은?

① 오일 냉각기
② 스트레이너
③ 가변용량 유압펌프
④ 가변용량 유압 모터

58 건설기계 점검사항 중 설명이 가리키는 것은?

> [보기]
> 분해, 정비를 하는 것이 아니라, 눈으로 관찰하거나, 작동음을 들어보고 손의 감촉 등 점검사항을 기록하여 전날까지의 상태를 비교하여 이상 유무를 판단한다.

① 검사점검   ② 분기점검
③ 정기점검   ④ 일상점검

59 건설기계에서 유압 구성부품을 분해하기 전에 내부압력을 제거하려면 어떻게 하는 것이 좋은가?

① 압력 밸브를 밀어준다.
② 고정너트를 서서히 푼다.
③ 엔진 정지 후 조정 레버를 모든 방향으로 작동하여 압력을 제거한다.
④ 엔진 정지 후 개방하면 된다.

> **해설**
> 유압장치의 내부압력을 제거하려면 엔진 정지 후 조정 레버를 모든 방향으로 작동한다.

60 유압장치의 계통 내에 슬러지 등이 생겼을 때 이것을 용해하여 깨끗이 하는 작업은?

① 서징   ② 코킹
③ 플러싱   ④ 트램핑

> **해설**
> 플러싱이란 유압계통의 오일장치 내에 슬러지 등이 생겼을 때 이것을 용해하여 장치 내를 깨끗이 하는 작업이다.

정답 49 ① 50 ③ 51 ① 52 ③ 53 ④ 54 ④ 55 ① 56 ① 57 ② 58 ④ 59 ③ 60 ③

1 산업안전 일반

1) 산업안전의 개요

① 안전제일의 이념 : 인명보호(즉, 인간존중)

② 위험요인을 발견하는 방법 : 안전점검(일상점검, 수시점검, 정기점검, 특별점검 등)

③ 재해가 자주 발생하는 주원인 : 고용의 불안정, 작업 자체의 위험성, 안전기술 부족
  사고의 직접적인 원인 : 불안전한 행동 및 상태

④ 안전의 3요소 : 관리적 요소, 기술적 요소, 교육적 요소

⑤ 재해예방의 4원칙 : 예방 가능의 원칙, 손실 우연의 원칙, 원인계기의 원칙, 대책 선정의 원칙

⑥ 사고 발생이 많이 일어나는 순서 : 불안전 행위 → 불안전 조건 → 불가항력

⑦ 사고예방 원리 5단계 순서 : 조직 → 사실의 발견 → 평가분석 → 시정책의 선정 → 시정책의 적용

⑧ 연쇄반응 이론의 발생 순서 : 사회적 환경과 선천적 결함 → 개인적 결함 → 불안전한 행동 → 사고 → 재해

⑨ 재해율

• 도수율 : 안전사고 발생 빈도로 근로시간 100만 시간당 발생하는 사고건수, 즉 (재해건수/연근로시간수)×1,000,000

• 강도율 : 안전사고의 강도로 근로시간 1,000시간당 재해에 의한 노동손실 일수

• 연천인율 : 1년 동안 1,000명의 근로자가 작업할 때 발생하는 사상자의 비율, 즉 (재해자 수/평균근로자 수)×1000

2) 산업재해

① 재해 : 사고의 결과로 인하여 인간이 입는 인명피해와 재산상의 손실

② 산업재해 : 근로자가 업무에 관계되는 작업이나 기타 업무에 기인하여 사망 또는 부상하거나 질병에 걸리게 되는 것

③ 산업재해 부상의 종류

• 무상해 : 응급처치 이하의 상처로 작업에 종사하면서 치료를 받는 상해 정도

• 응급조치 상해 : 1일 미만의 치료를 받고 다음부터 정상작업에 임할 수 있는 상해 정도

• 경상해 : 부상으로 1일 이상, 14일 이하의 노동 상실을 가져온 상해 정도

• 중상해 : 부상으로 2주 이상의 노동 손실을 가져온 상해 정도

④ 재해가 발생하였을 때 조치 순서 : 운전정지 → 피해자 구조 → 응급처치 → 2차 재해방지

⑤ 사고가 발생하는 원인

• 안전장치 및 보호 장치가 잘 되어 있지 않을 때

• 적합한 공구를 사용하지 않을 때

• 정리정돈 및 조명장치가 잘 되어 있지 않을 때

• 기계 및 기계장치가 너무 좁은 장소에 설치되어 있을 때

3) 안전, 보건표지의 종류

① 금지표지 : 금지표지의 바탕은 흰색, 기본 모형은 빨간색, 관련부호 및 그림은 검정색으로 되어 있다.

② 경고표지 : 노란색 바탕에 기본 모형은 검은색, 관련 부호와 그림은 검정색이다.

③ 지시표지 : 청색 원형 바탕에 백색으로 보호구 사용을 지시한다.

④ 안내표지 : 녹색 바탕에 백색으로 안내 대상을 지시한다.

금지표지

출입금지	보행금지	차량통행금지	사용금지
탑승금지	금 연	화기금지	물체이동 금지

경고표지

인화성물질 경고	산화성물질 경고	폭발물 경고	독극물 경고
부식성물질 경고	방화성물질 경고	고압전기 경고	매달린물체 경고
낙하물 경고	고온경고	저온경고	몸균형 상실 경고
레이저광선 경고	유해물질 경고	위험장소 경고	

지시표지

보안경착용	방독마스크 착용	방진마스크 착용	보안면 착용
안전모 착용	귀마개 착용	안전화 착용	안전장갑 착용
안전복 착용			

안내표지

녹십자표지	응급구호표지	들것	세안장치
⊕	✚	🔧✚	🚿✚👁
비상구	좌측비상구	우측비상구	
🏃	⬅🏃	🏃➡	

4) 방호장치의 종류

① **격리형 방호장치** : 위험점에 작업자가 접근하여 일어날 수 있는 재해를 방지하기 위해 차단벽이나 망을 설치하는 방법이다.

② **완전 차단형 방호조치** : 어떠한 방향에서도 위험장소까지 도달할 수 없도록 완전히 차단하는 것이다.

③ **덮개형 방호조치** : 작업점 외에 직접 사람이 접촉하여 말려들거나 다칠 위험이 있는 위험장소를 덮어씌우는 방법으로 V-벨트나 평 벨트 또는 기어가 회전하면서 접선방향으로 물려 들어가는 장소에 많이 설치한다.

④ **위치 제한형 방호장치** : 위험을 초래할 가능성이 있는 기계에서 작업자나 직접 그 기계와 관련되어 있는 조작자의 신체 부위가 위험한계 밖에 있도록 의도적으로 기계의 조작 장치를 기계에서 일정 거리이상 떨어지게 설치해 놓고, 조작하는 두 손 중에서 어느 하나가 떨어져도 기계의 동작을 멈춰지게 하는 장치이다.

⑤ **접근 반응형 방호장치** : 작업자의 신체 부위가 위험 한계 또는 그 인접한 거리로 들어오면 이를 감지하여 그 즉시 동작하던 기계를 정지시키거나 스위치가 꺼지도록 하는 방호법이다.

5) 안전장치를 선정할 때 고려할 사항

① 안전장치의 사용에 따라 방호가 완전할 것
② 강도와 기능 면에서 신뢰도가 클 것
③ 위험 부분에는 방호장치가 설치되어 있을 것
④ 작업하기에 불편하지 않는 구조일 것
⑤ 정기점검을 할 경우 이외에는 조정할 필요가 없을 것
⑥ 안전장치를 제거하거나 기능의 정지를 하지 못하도록 할 것

6) 작업복

① 작업장에서 안전모, 작업화, 작업복을 착용하도록 하는 이유는 작업자의 안전을 위함이다.
② 작업에 따라 보호구 및 기타 물건을 착용할 수 있어야 한다.
③ 소매나 바지자락이 조여질 수 있어야 한다.
④ 화기사용 직장에서는 방염성, 불연성의 것을 사용하도록 한다.
⑤ 작업복은 몸에 맞고 동작이 편하도록 제작한다.
⑥ 상의의 끝이나 바지자락 등이 기계에 말려 들어갈 위험이 없도록 한다.
⑦ 옷소매는 되도록 폭이 좁게 된 것이나, 단추가 달린 것은 되도록 피한다.

7) 화재의 분류

① 화재
  • 화재는 어떤 물질이 산소와 결합하여 연소하면서 열을 방출시키는 산화반응이다.

  • 화재가 발생하기 위해서는 가연성 물질, 산소, 점화원이 반드시 필요하다.

② 화재예방 조치
  • 가연성 물질을 인화 장소에 두지 않는다.
  • 유류취급 장소에는 소화기나 모래를 준비한다.
  • 흡연은 정해진 장소에서만 한다.
  • 화기는 정해진 장소에서만 취급한다.
  • 인화성 액체의 취급은 폭발한계의 범위를 초과한 농도로 한다.
  • 배관 또는 기기에서 가연성 증기의 누출 여부를 철저히 점검한다.
  • 방화 장치는 위급상황일 때 눈에 잘 띄는 곳에 설치한다.

③ 소화설비
  • 물 분무 소화설비는 연소물의 온도를 인화점 이하로 냉각시키는 효과가 있다.
  • 분말 소화설비는 미세한 분말 소화제를 화염에 방사시켜 진화시킨다.
  • 포말소화기는 외통용기에 탄산수소나트륨, 내통용기에 황산알루미늄을 물에 용해하여 충전하고, 사용할 때는 양 용기의 약제가 화합되어 탄산가스가 발생한다. 거품을 발생시켜 방사하며 A, B급 화재에 적합하나, 전기화재에는 사용을 해서는 안 된다.
  • 이산화탄소 소화설비는 질식작용에 의해 화염을 진화시킨다.

④ 화재분류
  • A급 화재 : 나무, 석탄 등 연소 후 재를 남기는 일반적인 화재
  • B급 화재 : 휘발유, 벤젠 등 유류화재
  • C급 화재 : 전기화재
  • D급 화재 : 금속화재

⑤ 소화방법
  • A급 화재 : 초기에는 포말, 감화액, 분말소화기를 사용하여 진화하고 불길이 확산되면 물을 사용한다.
  • B급 화재 : 포말, 이산화탄소, 분말소화기를 사용한다.
  • C급 화재 : 이산화탄소, 할론가스, 분말소화기를 사용하며, 포말소화기를 사용해서는 안 된다.
  • D급 화재 : D급 화재는 금속나트륨 등의 화재로서 일반적으로 건조사를 이용한 질식효과로 소화한다.
  • 소화기를 사용하여 소화 작업을 할 경우에는 바람을 등지고 위쪽에서 아래쪽을 향해 실시한다.

2 기계 · 기기 및 공구에 관한 사항

1) 수공구 안전사항

① **수공구 사용에서 안전사고 원인**
  • 사용방법이 미숙하다.
  • 수공구의 성능을 잘 알지 못하고 선택하였다.
  • 힘에 맞지 않는 공구를 사용하였다.
  • 사용 공구의 점검, 정비를 잘하지 않았다.

② **수공구를 사용할 때 일반적 유의사항**
  • 수공구를 사용하기 전에 이상 유무를 확인한다.
  • 작업자는 필요한 보호구를 착용한다.
  • 용도 이외의 수공구는 사용하지 않는다.
  • 사용 전에 공구에 묻은 기름 등은 닦아낸다.
  • 수공구 사용 후에는 정해진 장소에 보관한다.
  • 작업대 위에서 떨어지지 않게 안전한 곳에 둔다.

- 예리한 공구 등을 주머니에 넣고 작업을 하여서는 안 된다.
- 공구를 던져서 전달해서는 안 된다.

③ 렌치를 사용할 때 주의사항
- 볼트 및 너트에 맞는 것을 사용한다. 즉 볼트 및 너트머리 크기와 같은 조(Jaw)의 렌치를 사용한다.
- 볼트 및 너트에 렌치를 깊이 물린다.
- 렌치를 몸 안쪽으로 잡아 당겨 움직이도록 한다.
- 힘의 전달을 크게 하기 위하여 파이프 등을 끼워서 사용해서는 안 된다.
- 렌치를 해머로 두들겨서 사용하지 않는다.
- 높거나 좁은 장소에서는 몸을 안전하게 한 후 작업한다.
- 해머 대용으로 사용하지 않는다.
- 복스 렌치를 오픈엔드렌치(스패너)보다 많이 사용하는 이유는 볼트와 너트 주위를 완전히 싸게 되어있어 사용 중에 미끄러지지 않기 때문이다.

④ 소켓렌치
- 임펙트용 및 수(手)작업용으로 많이 사용한다.
- 큰 힘으로 조일 때 사용한다.
- 오픈엔드렌치와 규격이 동일하다.
- 사용 중 잘 미끄러지지 않는다.

⑤ 토크렌치
- 볼트·너트 등을 조일 때 조이는 힘을 측정하기(조임력을 규정 값에 정확히 맞도록)위하여 사용한다.
- 오른손은 렌치 끝을 잡고 돌리며, 왼손은 지지점을 누르고 눈은 게이지 눈금을 확인한다.

⑥ 드라이버(Driver) 사용방법
- 스크루 드라이버의 크기는 손잡이를 제외한 길이로 표시한다.
- 날 끝 홈의 폭과 길이가 같은 것을 사용한다.
- 작은 크기의 부품이라도 경우 바이스(Vise)에 고정시키고 작업한다.
- 전기 작업을 할 때에는 절연된 손잡이를 사용한다.
- 드라이버에 압력을 가하지 말아야 한다.
- 정 대용으로 드라이버를 사용해서는 안 된다.
- 자루가 쪼개졌거나 허술한 드라이버는 사용하지 않는다.
- 드라이버의 끝을 항상 양호하게 관리하여야 한다.
- 날 끝이 수평이어야 한다.

⑦ 해머작업을 할 때 주의할 점
- 해머로 녹슨 것을 때릴 때에는 반드시 보안경을 쓴다.
- 기름이 묻은 손이나 장갑을 끼고 작업하지 않는다.
- 해머는 작게 시작하여 차차 큰 행정으로 작업한다.
- 해머 대용으로 다른 것을 사용하지 않는다.
- 타격면은 평탄하고, 손잡이는 튼튼한 것을 사용한다.
- 사용 중에 자루 등을 자주 조사한다.
- 타격 가공하려는 것을 보면서 작업한다.
- 해머를 휘두르기 전에 반드시 주위를 살핀다.
- 좁은 곳에서는 해머작업을 하지 않는다.

2) 드릴작업을 할 때의 안전대책

① 구멍을 거의 뚫었을 때 일감 자체가 회전하기 쉽다.
② 드릴의 탈·부착은 회전이 멈춘 다음 행한다.
③ 공작물은 단단히 고정시켜 따라 돌지 않게 한다.
④ 드릴 끝이 가공물을 관통했는지 손으로 확인해서는 안 된다.
⑤ 드릴작업은 장갑을 끼고 작업해서는 안 된다.
⑥ 작업 중 쇳가루를 입으로 불어서는 안 된다.

⑦ 드릴작업을 하고자 할 때 재료 밑의 받침은 나무판을 이용한다.

3) 그라인더(연삭숫돌) 작업의 안전 및 주의사항

① 숫돌차와 받침대 사이의 표준간격은 2~3mm 정도가 좋다.
② 반드시 보호안경을 착용하여야 한다.
③ 안전커버를 떼고 작업해서는 안 된다.
④ 숫돌작업은 측면에 서서 숫돌의 정면을 이용하여 연삭한다.
⑤ 숫돌차의 회전은 규정 이상 빠르게 회전시켜서는 안 된다.
⑥ 숫돌차를 고정하기 전에 균열이 있는지 확인한다.

4) 산소-아세틸렌가스 용접

① 산소용접 작업을 할 때의 유의사항
- 반드시 소화기를 준비한다.
- 아세틸렌 밸브를 열어 점화한 후 산소밸브를 연다.
- 점화는 성냥불로 직접 하지 않는다.
- 역화가 발생하면 토치의 산소밸브를 먼저 닫고 아세틸렌 밸브를 닫는다.
- 산소 통의 메인밸브가 얼었을 때 60℃ 이하의 물로 녹인다.
- 산소는 산소병에 35℃에서 150기압으로 압축 충전한다.

3 작업상의 안전

1) 작업장의 안전수칙

① 공구에 기름이 묻은 경우에는 닦아내고 사용한다.
② 작업복과 안전장구는 반드시 착용한다.
③ 각종기계를 불필요하게 공회전 시키지 않는다.
④ 기계의 청소나 손질은 운전을 정지시킨 후 실시한다.
⑤ 항상 청결하게 유지한다.
⑥ 작업대 사이 또는 기계 사이의 통로는 안전을 위한 너비가 필요하다.
⑦ 공장 바닥에 물이나 폐유가 떨어진 경우에는 즉시 닦도록 한다.
⑧ 전원 콘센트 및 스위치 등에 물을 뿌리지 않는다.
⑨ 작업 중 입은 부상은 즉시 응급조치를 하고 보고한다.
⑩ 밀폐된 실내에서는 시동을 걸지 않는다.
⑪ 통로나 마룻바닥에 공구나 부품을 방치하지 않는다.
⑫ 기름걸레나 인화물질은 철제 상자에 보관한다.

2) 운반 작업을 할 때의 안전사항

① 힘센 사람과 약한 사람과의 균형을 잡는다.
② 약간씩 이동하는 것은 지렛대를 이용할 수도 있다.
③ 명령과 지시는 한 사람이 하도록 하고, 양손으로는 물건을 받친다.
④ 앞쪽에 있는 사람이 부하를 적게 담당한다.
⑤ 긴 화물은 같은 쪽의 어깨에 올려서 운반한다.
⑥ 중량물을 들어 올릴 때는 체인블록이나 호이스트를 이용한다.
⑦ 드럼통과 LPG 봄베는 굴려서 운반해서는 안 된다.
⑧ 무리한 몸가짐으로 물건을 들지 않는다.
⑨ 정밀한 물건을 쌓을 때는 상자에 넣도록 한다.
⑩ 약하고 가벼운 것은 위에 무거운 것을 밑에 쌓는다.

3) 벨트에 관한 안전사항

① 재해가 가장 많이 발생하는 것이 벨트이다.
② 벨트를 걸거나 벗길 때에는 정지한 상태에서 실시한다.

③ 벨트의 회전을 정지할 때에 손으로 잡아서는 안 된다.
④ 벨트의 적당한 장력을 유지하도록 한다.
⑤ 고무벨트에는 오일이 묻지 않도록 한다.
⑥ 벨트의 이음쇠는 돌기가 없는 구조로 한다.
⑦ 벨트가 풀려 감겨 돌아가는 부분은 커버나 덮개를 설치한다.

4 가스배관의 손상 방지

1) LNG와 LPG의 차이점

① LNG(액화천연가스, 도시가스)는 주성분이 메탄이며, 공기보다 가벼워 누출되면 위로 올라가고, 특성은 다음과 같다.
- 배관을 통하여 각 가정에 공급되는 가스이다.
- 공기와 혼합되어 폭발범위에 이르면 점화원에 의하여 폭발한다.
- 가연성으로서 폭발의 위험성이 있다.
- 원래 무색 · 무취이나 부취제를 첨가한다.
- 천연고무에 대한 용해성은 없다.
② LPG(액화석유가스)는 주성분이 프로판과 부탄이며, 공기보다 무거워 누출되면 바닥에 가라앉는다.

2) 가스배관의 외면에 표시하여야 하는 사항

사용가스명, 최고 사용압력, 가스 흐름 방향 등을 표시하여야 한다.

3) 가스배관의 분류

① 가스배관의 종류에는 본관, 공급관, 내관 등이 있다.
② 본관 : 도시가스 제조 사업소의 부지 경계에서 정압기까지 이르는 배관이다.
③ 공급관 : 정압기에서 가스 사용자가 구분하여 소유하거나 점유하는 건축물의 외벽에 설치하는 계량기의 전단 밸브까지 이르는 배관이다.

4) 가스배관과의 이격거리 및 매설 깊이

① 상수도관을 도시가스배관 주위에 매설할 때 도시가스배관 외면과 상수도관과의 최소 이격거리는 30cm 이상이다.
② 가스배관과의 수평거리 2m 이내에서 파일박기를 하고자 할 때 시험굴착을 통하여 가스배관의 위치를 확인해야 한다.
③ 항타기는 부득이한 경우를 제외하고 가스배관의 수평거리를 최소한 2m 이상 이격하여 설치한다.
④ 가스배관과 수평거리 30cm 이내에서는 파일박기를 할 수 없도록 규정되어 있다.
⑤ 도시가스 배관을 공동주택 부지 내에서는 매설할 때 깊이는 0.6m 이상이어야 한다.
⑥ 폭 4m 이상 8m 미만인 도로에 일반 도시가스배관을 매설할 때 지면과 배관 상부와의 최소 이격거리는 1.0m 이상이다.
⑦ 도로 폭이 8m 이상의 큰 도로에서 장애물 등이 없을 경우 일반 도시가스배관의 최소 매설 깊이는 1.2m 이상이다.
⑧ 폭 8m 이상의 도로에서 중압의 도시가스 배관을 매설시 규정심도는 최소 1.2m 이상이다.
⑨ 가스 도매 사업자의 배관을 시가지의 도로 노면 밑에 매설하는 경우 노면으로부터 배관 외면까지의 깊이는 1.5m 이상이다.

5) 가스배관 및 보호포의 색상

① 가스배관 및 보호포의 색상은 저압인 경우에는 황색이다.
② 중압 이상인 경우에는 적색이다.

6) 도시가스 압력에 의한 분류

① 저압 : 0.1MPa(메가 파스칼) 미만
② 중압 : 0.1MPa 이상 1MPa 미만
③ 고압 : 1MPa 이상

7) 인력으로 굴착하여야 하는 범위

가스배관의 주위를 굴착하고자 할 때에는 가스배관의 좌우 1m 이내의 부분은 인력으로 굴착하여야 한다.

8) 라인마크

① 직경이 9cm 정도인 원형으로 된 동(구리)합금이나 황동주물로 되어 있다.
② 분기점에는 T형 화살표가 표시되어 있다.
③ 직선구간에는 배관 길이 50m마다 1개 이상 설치되어 있다.
④ 도시가스라고 표기되어 있으며 화살표가 있다.

9) 배관 매설 깊이

① 공동주택 등의 부지 내의 도시가스 배관의 매설 깊이는 최소 0.6m 이다.
② 가스배관과의 수평거리 2m 이내에서 파일박기를 하고자 할 때 시험굴착을 통하여 가스 배관의 위치를 확인해야 한다.

10) 도로 굴착자가 굴착공사 전에 이행할 사항

① 도면에 표시된 가스배관과 기타 저장물 매설 유무를 조사하여야 한다.
② 조사된 자료로 시험 굴착위치 및 굴착개소 등을 정하여 가스배관 매설위치를 확인하여야 한다.
③ 도시가스 사업자와 일정을 협의하여 시험굴착 계획을 수립하여야 한다.
④ 위치 표시용 페인트와 표지판 및 황색 깃발 등을 준비하여야 한다.

11) 도시가스 매설배관 표지판의 설치 기준

① 표지판의 가로치수는 200mm, 세로치수는 150mm 이상의 직사각형이다.
② 포장도로 및 공동주택 부지 내의 도로에 라인마크(Line Mark)와 함께 설치해서는 안 된다.
③ 황색 바탕에 검정색 글씨로 도시가스 배관임을 알리고 연락처 등을 표시한다.
④ 설치 간격은 500m마다 1개 이상이다.

5 전기시설물 작업 시 주의사항

1) 전선로 부근에서 작업할 때 주의사항

① 전선은 바람에 의해 흔들리게 되므로 이격거리를 증가시켜 작업해야 한다.

② 전선이 바람에 흔들리는 정도는 바람이 강할수록 많이 흔들린다.

③ 전선은 철탑 또는 전주에서 멀어질수록 많이 흔들린다.

④ 전선로 주변에서 작업을 할 때에는 붐이 전선에 근접되지 않도록 주의하여야 한다.

2) 전선로와의 안전 이격거리

① 전압이 높을수록 이격거리를 크게 한다.

② 1개 틀의 애자 수가 많을수록 이격거리를 크게 한다.

③ 전선이 굵을수록 이격거리를 크게 한다.

3) 예측할 수 있는 전압

① 전선로의 위험 정도는 애자의 개수 판단한다.

② 콘크리트 전주에 변압기가 설치된 경우 예측할 수 있는 전압은 22,900V이다.

③ 한 줄에 애자 수가 3개일 때 예측 가능한 전압은 22,900V이다.

④ 한 줄에 애자 수가 10개인 경우 예측 가능한 전압은 154,000V이다.

⑤ 한 줄에 애자 수가 20개인 경우 예측 가능한 전압은 345,000V이다.

4) 감전재해의 대표적인 발생형태

① 누전상태의 전기기기에 인체가 접촉되는 경우

② 고압 전력선에 안전거리 이내로 이격한 경우

③ 전선이나 전기기기의 노출된 충전 부위의 양단간에 인체가 접촉되는 경우

④ 전기기기의 충전 부위와 대지 사이에 인체가 접촉되는 경우

5) 고압 전력케이블을 지중에 매설하는 방법

① **직매식(직접매설 방식)** : 전력케이블을 직접 지중에 매설하는 방법이며, 트러프(Trough, 홈통)를 사용하여 케이블을 보호하고, 모래를 채운 후 뚜껑을 덮고 되메우기를 한다.

② **관로식** : 합성수지관, 강관, 흄관 등 파이프(Pipe)를 이용하여 관로를 구성한 후 케이블을 부설하는 방식이며, 일정 거리의 관로 양끝에는 맨홀을 설치하여 케이블을 설치하고 접속한다.

③ **전력구식** : 터널(Tunnel)과 같이 위쪽이 막힌 구조물을 이용하는 방식이며, 내부 벽 쪽에 케이블을 부설하고, 유지보수를 위한 작업원의 통행이 가능한 크기로 한다.

6) 고장 신고제도

① **예방신고** : 전기설비로 인한 인축(사람과 가축) 사고의 발생이 우려되는 사항의 신고

② **고장신고** : 한전에서 고장개소를 발견하지 못한 상태에서 신고자가 고장개소를 발견하고 즉시 신고를 하는 경우

③ **확인신고** : 한전에서 설비상태의 확인을 요청한 경우

MEMO

1 안전관리의 근본 목적으로 가장 적합한 것은?

① 생산의 경제적 운용
② 근로자의 생명 및 신체보호
③ 생산과정의 시스템화
④ 생산량 증대

2 하인리히의 사고예방 원리 5단계를 순서대로 나열한 것은?

① 조직 – 사실의 발견 – 평가분석 – 시정책의 선정 – 시정책의 적용
② 시정책의 적용 – 조직 – 사실의 발견 – 평가분석 – 시정책의 선정
③ 사실의 발견 – 평가분석 – 시정책의 선정 – 시정책의 적용 – 조직
④ 시정책의 선정 – 시정책의 적용 – 조직 – 사실의 발견 – 평가분석

해설
하인리히의 사고예방 원리 5단계 순서 : 조직 – 사실의 발견 – 평가분석 – 시정책의 선정 – 시정책의 적용

3 인간공학적 안전 설정으로 페일세이프에 관한 설명 중 가장 적절한 것은?

① 안전도 검사방법을 말한다.
② 안전통제의 실패로 인하여 원상복귀가 가장 쉬운 사고의 결과를 말한다.
③ 안전사고 예방을 할 수 없는 물리적 불안전 조건과 불안전 인간의 행동을 말한다.
④ 인간 또는 기계에 과오나 동작상의 실패가 있어도 안전사고를 발생시키지 않도록 하는 통제책을 말한다.

해설
페일세이프란 인간 또는 기계에 과오나 동작상의 실패가 있어도 안전사고를 발생시키지 않도록 하는 통제방책이다.

4 연 100만 근로시간당 몇 건의 재해가 발생했는지에 대한 재해율 산출을 무엇이라 하는가?

① 연천인율
② 도수율
③ 강도율
④ 천인율

해설
도수율 : 안전사고 발생 빈도로 근로시간 100만 시간당 발생하는 사고 건수

5 ILO(국제노동기구)의 구분에 의한 근로불능 상해의 종류 중 응급조치 상해는 며칠간 치료를 받은 다음부터 정상작업에 임할 수 있는 정도의 상해를 의미하는가?

① 1일 미만
② 3~5일
③ 10일 미만
④ 2주 미만

해설
응급조치 상해란 1일 미만의 치료를 받고 다음부터 정상작업에 임할 수 있는 정도의 상해이다.

6 불안전한 조명, 불안전한 환경, 방호장치의 결함으로 인하여 오는 산업재해 요인은?

① 지적 요인
② 물적 요인
③ 신체적 요인
④ 정신적 요인

해설
물적 요인이란 불안전한 조명, 불안전한 환경, 방호장치의 결함 등으로 인하여 발생하는 산업재해이다.

7 사고의 원인 중 가장 많은 부분을 차지하는 것은?

① 불가항력
② 불안전한 환경
③ 불안전한 행동
④ 불안전한 지시

해설
사고의 직접원인은 작업자의 불안전한 행동 및 상태 때문이다.

8 산업재해 원인은 직접원인과 간접원인으로 구분되는데 다음 직접원인 중에서 불안전한 행동에 해당되지 않는 것은?

① 허가 없이 장치를 운전
② 불충분한 경보 시스템
③ 결함 있는 장치를 사용
④ 개인 보호구 미사용

9 작업자가 작업을 할 때 반드시 알아두어야 할 사항이 아닌 것은?

① 안전수칙
② 작업량
③ 기계, 기구의 사용법
④ 경영관리

해설
작업자가 작업을 할 때 반드시 알아두어야 할 사항은 안전수칙, 1인당 작업량, 기계 · 기구의 사용법 등이다.

10 산업체에서 안전을 지킴으로서 얻을 수 있는 이점이 아닌 것은?

① 직장 상하 동료 간 인간관계 개선 효과도 기대된다.
② 기업의 투자 경비가 늘어난다.
③ 사내 안전수칙이 준수되어 질서유지가 실현된다.
④ 기업의 신뢰도를 높여준다.

11 안전을 위하여 눈으로 보고 손으로 가리키고, 입으로 복창하여 귀로 듣고, 머리로 종합적인 판단을 하는 지적확인의 특성은?

① 의식을 강화한다.
② 지식수준을 높인다.
③ 안전태도를 형성한다.
④ 육체적 기능 수준을 높인다.

해설
안전을 위하여 눈으로 보고 손으로 가리키고, 입으로 복창하여 귀로 듣고, 머리로 종합적인 판단을 하는 지적확인의 특성은 의식강화이다.

정답 1 ② 2 ① 3 ④ 4 ② 5 ① 6 ② 7 ③ 8 ② 9 ④ 10 ② 11 ①

12 산업재해 방지대책을 수립하기 위하여 위험요인을 발견하는 방법으로 가장 적합한 것은?

① 안전점검
② 재해사후 조치
③ 경영층 참여와 안전조직 진단
④ 안전대책 회의

13 작업점 외에 직접 사람이 접촉하여 말려들거나 다칠 위험이 있는 장소를 덮어씌우는 방호장치는?

① 격리형 방호장치
② 위치 제한형 방호장치
③ 포집형 방호장치
④ 접근 거부형 방호장치

⊕ 해설
격리형 방호장치 : 작업점 외에 직접 사람이 접촉하여 말려들거나 다칠 위험이 있는 장소를 덮어씌우는 방호장치 방법이다.

14 V벨트나 평 벨트 또는 기어가 회전하면서 접선 방향으로 물리는 장소에 설치되는 방호장치는?

① 위치제한 방호장치
② 접근 반응형 방호장치
③ 덮개형 방호장치
④ 포집형 방호장치

⊕ 해설
덮개형 방호장치 : 작업점 외에 직접 사람이 접촉하여 말려들거나 다칠 위험이 있는 위험 장소를 덮어씌우는 방법으로 V벨트나 평 벨트 또는 기어가 회전하면서 접선 방향으로 물려 들어가는 장소에 많이 설치한다.

15 작업자의 신체 부위가 위험 한계 또는 그 인접한 거리로 들어오면 이를 감지하여 그 즉시 동작하던 기계를 정지시키거나 스위치가 꺼지도록 하는 방호 장치법은?

① 격리형 방호장치
② 위치 제한형 방호장치
③ 접근 반응형 방호장치
④ 포집형 방호장치

⊕ 해설
접근 반응형 방호장치 : 작업자의 신체 부위가 위험 한계 또는 그 인접한 거리로 들어오면 이를 감지하여 그 즉시 동작하던 기계를 정지시키거나 스위치가 꺼지도록 하는 방호법이다.

16 방호장치 및 방호조치에 대한 설명으로 틀린 것은?

① 충전회로 인근에서 차량, 기계장치 등의 작업이 있는 경우 충전부로부터 3m 이상 이격시킨다.
② 지반 붕괴의 위험이 있는 경우 흙막이 지보공 및 방호망을 설치해야 한다.
③ 발파작업 시 피난장소는 좌우측을 견고하게 방호한다.
④ 직접 접촉이 가능한 벨트에는 덮개를 설치해야 한다.

17 일반적인 보호구의 구비조건으로 맞지 않는 것은?

① 착용이 간편할 것
② 햇볕에 잘 열화 될 것
③ 재료의 품질이 양호할 것
④ 위험유해 요소에 대한 방호성능이 충분할 것

18 다음 중 보호구를 선택할 때의 유의사항으로 틀린 것은?

① 작업행동에 방해되지 않을 것
② 사용 목적에 구애받지 않을 것
③ 보호구 성능기준에 적합하고 보호성능이 보장될 것
④ 착용이 용이하고 크기 등 사용자에게 편리할 것

⊕ 해설
보호구는 사용 목적에 적합해야 한다.

19 다음 중 보호안경을 끼고 작업해야 하는 사항과 가장 거리가 먼 것은?

① 산소용접 작업 시
② 그라인더 작업 시
③ 건설기계 일상점검 작업 시
④ 클러치 탈, 부착 작업 시

20 연삭작업 시 반드시 착용해야 하는 보호구는?

① 방독면
② 장갑
③ 보안경
④ 마스크

21 다음 중 사용 구분에 따른 차광보안경의 종류에 해당하지 않는 것은?

① 자외선용
② 적외선용
③ 용접용
④ 비산방지용

22 안전모의 관리 및 착용방법으로 틀린 것은?

① 큰 충격을 받은 것은 사용을 피한다.
② 사용 후 뜨거운 스팀으로 소독하여야 한다.
③ 정해진 방법으로 착용하고 사용하여야 한다.
④ 통풍을 목적으로 모체에 구멍을 뚫어서는 안 된다.

23 중량물 운반 작업 시 착용해야 할 안전화는?

① 중작업용
② 보통작업용
③ 경작업용
④ 절연용

24 다음 중 유해한 작업환경 요소가 아닌 것은?

① 화재나 폭발의 원인이 되는 환경
② 신선한 공기가 공급되도록 환풍 장치 등의 설비
③ 소화기와 호흡기를 통하여 흡수되어 건강장애를 일으키는 물질
④ 피부나 눈에 접촉하여 자극을 주는 물질

25 전기기기에 의한 감전 사고를 막기 위하여 필요한 것은?

① 방폭등
② 고압계
③ 대지전위 상승 장치
④ 접지설비

⊕ 해설
전기기기에 의한 감전 사고를 막기 위해서는 접지설비를 해야 한다.

26 사고로 인하여 위급한 환자가 발생하였다. 의사의 치료를 받기 전까지 응급처치를 실시할 때 응급처치 실시자의 준수사항으로 가장 거리가 먼 것은?

① 사고현장 조사를 실시한다.
② 원칙적으로 의약품의 사용은 피한다.
③ 의식 확인이 불가능해도 생사를 임의로 판정하지 않는다.
④ 정확한 방법으로 응급처치를 한 후 반드시 의사의 치료를 받도록 한다.

27 다음 보기는 재해 발생 시 조치요령이다. 조치순서로 가장 적합하게 이루어진 것은?

[보기]	
① 운전정지	② 관련된 또 다른 재해방지
③ 피해자 구조	④ 응급처치

① ① → ② → ③ → ④
② ③ → ② → ④ → ①
③ ③ → ④ → ① → ②
④ ① → ③ → ④ → ②

🔵 해설
재해가 발생했을 때 조치순서 : 운전정지 → 피해자 구조 → 응급처치 → 2차 재해방지

28 산업안전보건법령상 안전, 보건표지에서 색채와 용도가 다르게 짝지어진 것은?

① 파란색 : 지시
② 녹색 : 안내
③ 노란색 : 위험
④ 빨간색 : 금지, 경고

🔵 해설
노란색 : 주의(충돌, 추락, 전도 및 그 밖의 비슷한 사고의 방지를 위해 물리적 위험성을 표시)

29 안전표지의 색채 중에서 대피장소 또는 비상구의 표지에 사용되는 것으로 맞는 것은?

① 빨간색
② 주황색
③ 녹색
④ 청색

🔵 해설
대피장소 또는 비상구의 표지에 사용되는 색은 녹색이다.

30 다음 중 안전 · 보건표지의 구분에 해당하지 않는 것은?

① 금지표지
② 성능표지
③ 지시표지
④ 안내표지

🔵 해설
안전표지의 종류에는 금지표지, 경고표지, 지시표지, 안내표지가 있다.

31 안전 · 보건표지의 종류별 용도 · 사용 장소 · 형태 및 색채에서 바탕은 흰색, 기본모형은 빨간색, 관련부호 및 그림은 검정색으로 된 표지는?

① 보조표지
② 지시표지
③ 주의표지
④ 금지표지

🔵 해설
금지표지는 바탕은 흰색, 기본모형은 빨간색, 관련부호 및 그림은 검정색이다.

32 적색 원형으로 만들어지는 안전표지판은?

① 경고표시
② 안내표시
③ 지시표시
④ 금지표시

🔵 해설
금지표시는 적색 원형으로 만들어지는 안전 표지판이다.

33 안전, 보건표지의 종류와 형태에서 그림의 표지로 맞는 것은?

① 차량통행금지
② 사용금지
③ 탑승금지
④ 물체이동금지

34 안전, 보건표지의 종류와 형태에서 그림의 안전표지판이 나타내는 것은?

① 보행금지
② 작업금지
③ 출입금지
④ 사용금지

35 안전 · 보건표지의 종류와 형태에서 그림의 안전표지판이 나타내는 것은?

① 사용금지
② 탑승금지
③ 보행금지
④ 물체이동금지

36 산업안전보건표지의 종류에서 경고표시에 해당되지 않는 것은?

① 방독면 착용
② 인화성물질 경고
③ 폭발물 경고
④ 저온경고

37 산업안전보건법령상 안전 · 보건표지의 종류 중 다음 그림에 해당하는 것은?

① 산화성물질 경고
② 인화성물질 경고
③ 폭발성물질 경고
④ 급성독성물질 경고

38 안전, 보건표지의 종류와 형태에서 그림의 안전표지판이 나타내는 것은?

① 폭발물 경고
② 매달린 물체 경고
③ 몸 균형상실 경고
④ 방화성 물질 경고

39 보안경 착용, 방독 마스크 착용, 방진 마스크 착용, 안전모자 착용, 귀마개 착용 등을 나타내는 표지의 종류는?

① 금지표지
② 지시표지
③ 안내표지
④ 경고표지

🚜 정답 **26** ① **27** ④ **28** ③ **29** ③ **30** ② **31** ④ **32** ④ **33** ① **34** ④ **35** ④ **36** ① **37** ① **38** ② **39** ②

40 산업안전보건표지의 종류에서 지시표시에 해당하는 것은?

① 차량통행금지 ② 고온경고
③ 안전모 착용 ④ 출입금지

41 다음 그림은 안전표지의 어떠한 내용을 나타내는가?

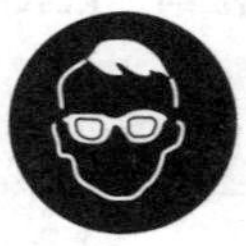

① 지시표지
② 금지표지
③ 경고표지
④ 안내표지

42 안전, 보건표지의 종류와 형태에서 그림의 표지로 맞는 것은?

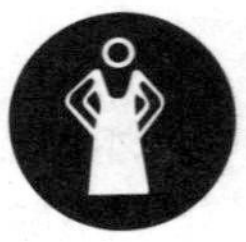

① 보행금지
② 몸균형 상실경고
③ 안전복 착용
④ 방독 마스크 착용

43 안전, 보건표지 종류와 형태에서 그림의 안전표지판이 나타내는 것은?

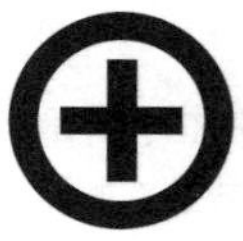

① 병원표지
② 비상구 표지
③ 녹십자 표지
④ 안전지대 표지

44 다음은 화재에 대한 설명이다. 틀린 것은?

① 화재가 발생하기 위해서는 가연성 물질, 산소, 발화원이 반드시 필요하다.
② 가연성 가스에 의한 화재를 D급 화재라 한다.
③ 전기에너지가 발화원이 되는 화재를 C급 화재라 한다.
④ 화재는 어떤 물질이 산소와 결합하여 연소하면서 열을 방출시키는 산화반응을 말한다.

해설
화재에 관한 설명
- 화재는 어떤 물질이 산소와 결합하여 연소하면서 열을 방출시키는 산화반응이다.
- 화재가 발생하기 위해서는 가연성 물질, 산소, 발화원이 반드시 필요하다.
- 연소 후 재를 남기는 고체연료(나무, 석탄 등) 화재를 A급 화재라 한다.
- 유류 및 가연성 가스에 의한 화재를 B급 화재라 한다.
- 전기에너지가 발화원이 되는 화재를 C급 화재라 한다.
- 금속나트륨 등의 금속화재를 D급 화재라 한다.

45 연소조건에 대한 설명으로 틀린 것은?

① 산화되기 쉬운 것일수록 타기 쉽다.
② 열전도율이 적은 것일수록 타기 쉽다.
③ 발열량이 적은 것일수록 타기 쉽다.
④ 산소와의 접촉면이 클수록 타기 쉽다.

해설
연소조건은 산화되기 쉬운 것일수록, 열전도율이 적은 것일수록, 발열량이 큰 것일수록, 산소와의 접촉면이 클수록 타기 쉽다.

46 자연발화가 일어나기 쉬운 조건으로 틀린 것은?

① 발열량이 클 때 ② 주위온도가 높을 때
③ 착화점이 낮을 때 ④ 표면적이 작을 때

해설
자연발화는 발열량이 클 때, 주위온도가 높을 때, 착화점이 낮을 때 일어나기 쉽다.

47 화재예방 조치로서 적합하지 않은 것은?

① 가연성 물질을 인화 장소에 두지 않는다.
② 유류 취급 장소에는 방화수를 준비한다.
③ 흡연은 정해진 장소에서만 한다.
④ 화기는 정해진 장소에서만 취급한다.

48 가스 및 인화성 액체에 의한 화재예방 조치 방법으로 틀린 것은?

① 가연성 가스는 대기 중에 자주 방출시킬 것
② 인화성 액체의 취급은 폭발한계의 범위를 초과한 농도로 할 것
③ 배관 또는 기기에서 가연성 증기의 누출 여부를 철저히 점검할 것
④ 화재를 진화하기 위한 방화 장치는 위급상황 시 눈에 잘 띄는 곳에 설치할 것

49 다음 중 B급 화재에 대한 설명으로 옳은 것은?

① 목재, 섬유류 등의 화재로서 일반적으로 냉각소화를 한다.
② 유류 등의 화재로서 일반적으로 질식효과(공기차단)로 소화한다.
③ 전기기기의 화재로서 일반적으로 전기절연성을 갖는 소화제로 소화한다.
④ 금속나트륨 등의 화재로서 일반적으로 건조사를 이용한 질식효과로 소화한다.

50 화재발생 시 소화기를 사용하여 소화 작업을 할 때 올바른 방법은?

① 바람을 안고 우측에서 좌측을 향해 실시한다.
② 바람을 등지고 좌측에서 우측을 향해 실시한다.
③ 바람을 안고 아래쪽에서 위쪽을 향해 실시한다.
④ 바람을 등지고 위쪽에서 아래쪽을 향해 실시한다.

해설
소화기를 사용하여 소화 작업을 할 경우에는 바람을 등지고 위쪽에서 아래쪽을 향해 실시한다.

51 다음 중 전기설비 화재 시 가장 적합하지 않은 소화기는?

① 포말 소화기
② 이산화탄소 소화기
③ 무상강화액 소화기
④ 할로겐화합물 소화기

해설
전기화재의 소화에 가장 좋은 소화기는 이산화탄소 소화기이며, 포말 소화기는 사용해서는 안 된다.

정답 40 ③ 41 ① 42 ③ 43 ③ 44 ② 45 ③ 46 ④ 47 ② 48 ① 49 ② 50 ④ 51 ①

52 일반화재 발생 장소에서 화염이 있는 곳을 대피하기 위한 요령이다. 보기 항에서 맞는 것을 모두 고른 것은?

> [보기]
> a. 머리카락, 얼굴, 발, 손 등을 불과 닿지 않게 한다.
> b. 수건에 물을 적셔 코와 입을 막고 탈출한다.
> c. 몸을 낮게 엎드려서 통과한다.
> d. 옷을 물로 적시고 통과한다.

① a, c
② a, b, c, d
③ a, b, c
④ a

53 기계 및 기계장치를 불안전하게 취급할 수 있는 등의 사고가 발생하는 원인과 가장 거리가 먼 것은?

① 기계 및 기계장치가 너무 넓은 장소에 설치되어 있을 때
② 정리정돈 및 조명장치가 잘되어 있지 않을 때
③ 적합한 공구를 사용하지 않을 때
④ 안전장치 및 보호 장치가 잘되어 있지 않을 때

54 다음 중 안전사항으로 틀린 것은?

① 전선의 연결부는 되도록 저항을 작게 해야 한다.
② 전기장치는 반드시 접지하여야 한다.
③ 퓨즈교체 시에는 기준보다 용량이 큰 것을 사용한다.
④ 계측기는 최대 측정 범위를 초과하지 않도록 해야 한다.

55 지렛대 사용 시 주의사항이 아닌 것은?

① 손잡이가 미끄럽지 않을 것
② 화물 중량과 크기에 적합한 것
③ 화물 접촉면을 미끄럽게 할 것
④ 둥글고 미끄러지기 쉬운 지렛대는 사용하지 말 것

56 원목처럼 길이가 긴 화물을 외줄 달기 슬링 용구를 사용하여 크레인으로 물건을 안전하게 달아 올릴 때의 방법으로 가장 거리가 먼 것은?

① 슬링을 거는 위치를 한쪽으로 약간 치우치게 묶고 화물의 중량이 많이 걸리는 방향을 아래쪽으로 향하게 들어올린다.
② 제한용량 이상을 달지 않는다.
③ 수평으로 달아 올린다.
④ 신호에 따라 움직인다.

57 수공구를 사용할 때 유의사항으로 맞지 않는 것은?

① 무리한 공구 취급을 금한다.
② 토크렌치는 볼트를 풀 때 사용한다.
③ 수공구는 사용법을 숙지하여 사용한다.
④ 공구를 사용하고 나면 일정한 장소에 관리 보관한다.

🔘 **해설**
토크렌치는 볼트 및 너트를 조일 때 규정 토크로 조이기 위하여 사용한다.

58 정비작업에서 공구의 사용법에 대한 내용으로 틀린 것은?

① 스패너의 자루가 짧다고 느낄 때는 반드시 둥근 파이프로 연결할 것
② 스패너를 사용할 때는 앞으로 당길 것
③ 스패너는 조금씩 돌리며 사용할 것
④ 파이프 렌치는 반드시 둥근 물체에만 사용할 것

59 볼트나 너트를 죄거나 푸는데 사용하는 각종 렌치(Wrench)에 대한 설명으로 틀린 것은?

① 조정렌치 : 제한된 범위 내에서 어떠한 규격의 볼트나 너트에도 사용할 수 있다.
② 엘 렌치 : 6각형 봉을 "L"자 모양으로 구부려서 만든 렌치이다.
③ 복스 렌치 : 연료파이프 피팅 작업에 사용할 수 있다.
④ 소켓렌치 : 다양한 크기의 소켓을 바꾸어가며 작업할 수 있도록 만든 렌치이다.

🔘 **해설**
연료파이프 피팅 작업은 오픈엔드 렌치(스패너)를 사용한다.

60 공기구 사용에 대한 사항으로 틀린 것은?

① 공구를 사용 후 공구상자에 넣어 보관한다.
② 볼트와 너트는 가능한 소켓렌치로 작업한다.
③ 마이크로미터를 보관할 때는 직사광선에 노출시키지 않는다.
④ 토크렌치는 볼트와 너트를 푸는데 사용한다.

61 스크루(Screw) 또는 머리에 홈이 있는 볼트를 박거나 뺄 때 사용하는 스크루 드라이버의 크기는 무엇으로 표시하는가?

① 손잡이를 제외한 길이
② 손잡이를 포함한 전체 길이
③ 생크(Shank)의 두께
④ 포인트(Tip)의 너비

🔘 **해설**
스크루 드라이버의 크기는 손잡이를 제외한 길이로 표시한다.

62 정 작업 시 안전수칙으로 부적합한 것은?

① 담금질한 재료를 정으로 쳐서는 안 된다.
② 기름을 깨끗이 닦은 후에 사용한다.
③ 머리가 벗겨진 것은 사용하지 않는다.
④ 차광안경을 착용한다.

63 운반 작업 시 지켜야 할 사항으로 옳은 것은?

① 운반 작업은 장비를 사용하기보다는 가능한 많은 인력을 동원하여 하는 것이 좋다.
② 인력으로 운반 시 무리한 자세로 장시간 취급하지 않는다.
③ 인력으로 운반 시 보조구를 사용하되 몸에서 멀리 떨어지게 하고, 가슴 위치에서 하중이 걸리게 한다.
④ 통로 및 인도에 가까운 곳에서는 빠른 속도로 벗어나는 것이 좋다.

정답 52 ② 53 ① 54 ③ 55 ③ 56 ③ 57 ② 58 ① 59 ③ 60 ④ 61 ① 62 ④ 63 ②

64 중량물 운반에 대한 설명으로 틀린 것은?

① 흔들리는 중량물은 사람이 붙잡아서 이동한다.
② 무거운 물건을 운반할 경우 주위사람에게 인지하게 한다.
③ 규정 용량을 초과하여 운반하지 않는다.
④ 무거운 물건을 상승시킨 채 오랫동안 방치하지 않는다.

65 공장 내 안전수칙으로 옳은 것은?

① 기름걸레나 인화물질은 철재 상자에 보관한다.
② 공구나 부속품을 닦을 때에는 휘발유를 사용한다.
③ 차가 잭에 의해 올려져 있을 때는 직원 외에는 차내 출입을 삼가한다.
④ 높은 곳에서 작업 시 훅을 놓치지 않게 잘 잡고, 체인블록을 이용한다.

66 건설기계 작업 후 점검사항으로 거리가 먼 것은?

① 파이프나 실린더의 누유를 점검한다.
② 작동 시 필요한 소모품의 상태를 점검한다.
③ 겨울철엔 가급적 연료탱크를 가득 채운다.
④ 다음날 계속 작업하므로 차의 내·외부는 그대로 둔다.

67 세척작업 중 알칼리 또는 산성 세척유가 눈에 들어갔을 경우 가장 먼저 조치하여야 하는 응급처치는?

① 수돗물로 씻어낸다.
② 눈을 크게 뜨고 바람 부는 쪽을 향해 눈물을 흘린다.
③ 알칼리성 세척유가 눈에 들어가면 붕산수를 구입하여 중화시킨다.
④ 산성 세척유가 눈에 들어가면 병원으로 후송하여 알칼리성으로 중화시킨다.

> **해설**
> 세척유가 눈에 들어갔을 경우에는 가장 먼저 수돗물로 씻어낸다.

68 드릴 작업 시 주의사항으로 틀린 것은?

① 작업이 끝나면 드릴을 척에서 빼놓는다.
② 칩을 털어낼 때는 칩 털이를 사용한다.
③ 공작물은 움직이지 않게 고정한다.
④ 드릴이 움직일 때는 칩을 손으로 치운다.

69 드릴 작업에서 드릴링 할 때 공작물과 드릴이 함께 회전하기 쉬운 때는?

① 드릴 핸들에 약간의 힘을 주었을 때
② 구멍 뚫기 작업이 거의 끝날 때
③ 작업이 처음 시작될 때
④ 구멍을 중간쯤 뚫었을 때

> **해설**
> 드릴링할 때 공작물과 드릴이 함께 회전하기 쉬운 때는 구멍 뚫기 작업이 거의 끝날 때이다.

70 탁상용 연삭기 사용 시 안전수칙으로 바르지 못한 것은?

① 받침대는 숫돌차의 중심보다 낮게 하지 않는다.
② 숫돌차의 주면과 받침대는 일정 간격으로 유지해야 한다.
③ 숫돌차를 나무 해머로 가볍게 두드려 보아 맑은 음이 나는가 확인한다.
④ 숫돌차의 측면에 서서 연삭해야 하며, 반드시 차광안경을 착용한다.

> **해설**
> 연삭작업은 숫돌차의 측면에 서서 연삭해야 하며, 반드시 보안경을 착용한다.

71 산소-아세틸렌 사용 시 안전수칙으로 잘못된 것은?

① 산소는 산소병에 35℃ 150기압으로 충전한다.
② 아세틸렌의 사용압력은 15기압으로 제한한다.
③ 산소통의 메인밸브가 얼면 60℃ 이하의 물로 녹인다.
④ 산소의 누출은 비눗물로 확인한다.

> **해설** 아세틸렌의 사용압력은 1기압으로 제한한다.

72 가스용접의 안전사항으로 적합하지 않은 것은?

① 토치에 점화시킬 때에는 산소밸브를 먼저 열고 다음에 아세틸렌 밸브를 연다.
② 산소누설 시험에는 비눗물을 사용한다.
③ 토치 끝으로 용접물의 위치를 바꾸면 안 된다.
④ 용접가스를 들이마시지 않도록 한다.

> **해설**
> 토치에 점화시킬 때에는 아세틸렌 밸브를 먼저 열고 다음에 산소밸브를 연다.

73 전기용접의 아크 빛으로 인해 눈이 혈안이 되고 눈이 붓는 경우가 있다. 이럴 때 응급조치 사항으로 가장 적절한 것은?

① 안약을 넣고 계속 작업한다.
② 눈을 잠시 감고 안정을 취한다.
③ 소금물로 눈을 세정한 후 작업한다.
④ 냉습포를 눈 위에 올려놓고 안정을 취한다.

74 액화천연가스에 대한 설명 중 틀린 것은?

① 기체 상태는 공기보다 가볍다.
② 가연성으로써 폭발의 위험성이 있다.
③ LNG라 하며, 메탄이 주성분이다.
④ 액체 상태로 배관을 통하여 수요자에게 공급된다.

> **해설**
> 액화천연가스는 도시가스 배관을 통하여 각 가정에 공급되는 가스이며, 주성분은 메탄이다.

75 보기의 조건에서 도시가스가 누출되었을 경우 폭발할 수 있는 조건으로 모두 맞는 것은?

> [보기]
> a. 누출된 가스의 농도는 폭발 범위 내에 들어야 한다.
> b. 누출된 가스에 불씨 등의 점화원이 있어야 한다.
> c. 점화가 가능한 공기(산소)가 있어야 한다.
> d. 가스가 누출되는 압력이 3.0MPa 이상이어야 한다.

① a
② a, b
③ a, b, c
④ a, c, d

76 도시가스사업법에서 압축가스일 경우 중압이라 함은 얼마의 압력을 말하는가?

① 0.1MPa~1MPa 미만
② 0.02MPa~0.1MPa 미만
③ 1MPa~10MPa 미만
④ 10MPa~100MPa 미만

77 도시가스사업법에서 정의한 배관 구분에 해당되지 않는 것은?

① 본관 ② 공급관
③ 내관 ④ 가정관

◉해설
배관의 구분에는 본관, 공급관 내관 등이 있다.

78 도시가스가 공급되는 지역에서 굴착공사 중에 [그림]과 같은 것이 발견되었다. 이것은 무엇인가?

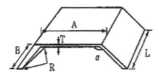

① 보호포 ② 보호판
③ 라인 마크 ④ 가스누출 검지공

79 공동주택 부지 내에서 굴착작업 시 황색의 가스 보호포가 나왔다. 도시가스 배관은 그 보호포가 설치된 위치로부터 최소한 몇 m 이상의 깊이에 매설되어 있는가? (단, 배관의 심도는 0.6m 이다)

① 0.2m ② 0.3m
③ 0.4m ④ 0.5m

◉해설
배관의 심도가 0.6m일 때 도시가스 배관은 그 보호포가 설치된 위치로부터 최소한 0.4m 이상의 깊이에 매설되어 있다.

80 가스도매 사업자의 배관을 시가지의 도로 노면 밑에 매설하는 경우 노면으로부터 배관의 외면까지 몇 m 이상 매설 깊이를 유지하여야 하는가? (단, 방호구조를 안에 설치하는 경우를 제외한다.)

① 0.6m 이상 ② 1.0m 이상
③ 1.2m 이상 ④ 1.5m 이상

◉해설
가스도매 사업자의 배관을 시가지의 도로 노면 밑에 매설하는 경우 노면으로부터 배관의 외면까지 1.5m 이상 매설 깊이를 유지하여야 한다.

81 항타기는 원칙적으로 가스배관과의 수평거리가 몇 m 이상 되는 곳에 설치하여야 하는가?

① 1m ② 2m
③ 3m ④ 5m

◉해설
항타기는 부득이한 경우를 제외하고 가스배관과의 수평거리를 최소한 2m 이상 이격하여 설치하여야 한다.

82 도시가스가 공급되는 지역에서 굴착공사를 하기 전 도로부분 지하에 가스배관 매설 여부는 누구에게 요청하여야 하는가?

① 굴착공사 관할 시장, 군수, 구청장
② 굴착공사 관할 경찰서장
③ 굴착공사 관할 시·도지사
④ 굴착공사 관할 정보지원센터

◉해설
도시가스가 공급되는 지역에서 굴착공사를 하고자 할 때에는 가스배관 매설 여부를 도시가스사업자(굴착공사 관할 정보지원센터)에게 조회한다.

83 도로 굴착자가 굴착공사 전에 이행할 사항에 대한 설명으로 옳지 않은 것은?

① 도면에 표시된 가스배관과 기타 저장물 매설 유무를 조사하여야 한다.
② 조사된 자료로 시험굴착 위치 및 굴착개소 등을 정하여 가스배관 매설 위치를 확인하여야 한다.
③ 위치 표시용 페인트와 표지판 및 황색 깃발 등을 준비하여야 한다.
④ 굴착 용역회사의 안전관리자가 지정하는 일정에 시험굴착을 수립하여야 한다.

◉해설
도시가스 사업자와 일정을 협의하여 시험 굴착계획을 수립하여야 한다.

84 다음은 가스배관의 손상방지 굴착공사 작업방법 내용이다. ( ) 안에 알맞은 것은?

> "가스배관과 수평거리 ( )m 이내에서 파일박기를 하고자 할 때 도시가스 사업자의 입회하에 시험굴착을 통하여 가스배관의 위치를 정확히 확인할 것"

① 1 ② 2
③ 3 ④ 4

◉해설
가스배관과 수평거리 2m 이내에서 파일박기를 하고자 할 때 도시가스 사업자의 입회하에 시험굴착을 통하여 가스배관의 위치를 정확히 확인할 것

85 노출된 배관의 길이가 몇 m 이상인 경우에는 가스누출경보기를 설치하여야 하는가?

① 20m ② 50m
③ 100m ④ 200m

◉해설
노출된 배관의 길이가 20m 이상인 경우에는 가스누출경보기를 설치하여야 한다.

86 굴착작업 중 줄파기 작업에서 줄파기 1일 시공량 결정은 어떻게 하도록 되어 있는가?

① 시공속도가 가장 느린 천공작업에 맞추어 결정한다.
② 시공속도가 가장 빠른 천공작업에 맞추어 결정한다.
③ 공사시방서에 명기된 일정에 맞추어 결정한다.
④ 공사 관리 감독기관에 보고한 날짜에 맞추어 결정한다.

◉해설
줄파기 1일 시공량 결정은 시공속도가 가장 느린 천공작업에 맞추어 결정한다.

정답 76 ① 77 ④ 78 ② 79 ③ 80 ④ 81 ② 82 ④ 83 ④ 84 ② 85 ① 86 ①

87 굴착공사 시 도시가스배관의 안전조치와 관련된 사항 중 다음 ( )안에 적합한 것은?

> 도시가스사업자는 굴착예정 지역의 매설배관 위치를 굴착공사자에게 알려주어야 하며, 굴착공사자는 매설배관 위치를 매설배관 (㉠)의 지면에 (㉡)페인트로 표시할 것

① ㉠ 직상부, ㉡ 황색
② ㉠ 우측부, ㉡ 황색
③ ㉠ 좌측부, ㉡ 적색
④ ㉠ 직하부, ㉡ 황색

해설
굴착공사자는 매설배관 위치를 매설배관 직상부의 지면에 황색페인트로 표시할 것

88 굴착공사 중 적색으로 된 도시가스 배관을 손상시켰으나 다행히 가스는 누출되지 않고 피복만 벗겨졌다. 이때의 조치사항으로 가장 적합한 것은?

① 해당 도시가스회사에 그 사실을 알려 보수하도록 한다.
② 가스가 누출되지 않았으므로 그냥 되메우기 한다.
③ 벗겨지거나 손상된 피복은 고무판이나 비닐 테이프로 감은 후 되 메우기 한다.
④ 벗겨진 피복은 부식 방지를 위하여 아스팔트를 칠하고 비닐 테이프로 감은 후 직접 되메우기 한다.

89 도로 굴착자는 되메움 공사 완료 후 도시가스 배관 손상 방지를 위하여 최소한 몇 개월 이상 지반침하 유무를 확인하여야 하는가?

① 1개월
② 2개월
③ 3개월
④ 4개월

해설
도로 굴착자는 되메움 공사 완료 후 최소 3개월 이상 지반침하 유무를 확인하여야 한다.

90 도시가스가 공급되는 지역에서 도로공사 중 그림과 같은 것이 일 렬로 설치되어 있는 것이 발견되었다. 이것을 무엇이라 하는가?

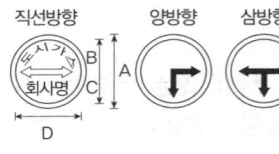

① 가스누출 검지공
② 라인 마크
③ 가스배관매몰 표지판
④ 보호판

91 도로상에 가스배관이 매설된 것을 표시하는 라인 마크에 대한 설명으로 틀린 것은?

① 직경이 9cm 정도인 원형으로 된 동 합금이나 황동주물로 되어있다.
② 도시가스라 표기되어 있으며 화살표가 표시되어 있다.
③ 분기점에는 T형 화살표가 표시되어 있고, 직선구간에는 배관길이 50m마다 1개 이상 설치되어있다.
④ 청색으로 된 원형마크로 되어있고 화살표가 표시되어 있다.

해설
라인 마크는 원형 마크로 되어있고 화살표가 표시되어 있다.

92 도로나 아파트 단지의 땅속을 굴착하고자 할 때 도시가스 배관이 묻혀있는지 확인하기 위하여 가장 먼저 해야 할 일은?

① 해당 구청 토목과에 확인한다.
② 그 지역 주민에게 물어본다.
③ 굴착기로 땅속을 파서 가스배관이 있는지 직접 확인한다.
④ 그 지역에 가스를 공급하는 도시가스 회사에 가스배관의 매설유무를 확인한다.

93 가스배관용 폴리에틸렌관의 특징으로 틀린 것은?

① 도시가스 고압관으로 사용된다.
② 일광, 열에 약하다.
③ 지하매설용으로 사용된다.
④ 부식이 잘 되지 않는다.

94 고압 전선로 부근에서 작업 도중 고압선에 의한 감전사고가 발생하였다. 조치사항으로 틀린 것은?

① 감전사고 발생 시에는 감전자 구출, 증상의 관찰 등 필요한 조치를 취한다.
② 사고 자체를 은폐시킨다.
③ 전선로 관리자에게 연락을 취한다.
④ 가능한 한 전원으로부터 환자를 이탈시킨다.

95 인체 감전 시 위험을 결정하는 요소와 가장 거리가 먼 것은?

① 인체에 흐르는 전류 크기
② 인체에 전류가 흐른 시간
③ 전류의 인체 통과 경로
④ 감전 시의 기온

해설
인체가 감전되었을 때 위험을 결정하는 요소는 인체에 흐르는 전류 크기, 인체에 전류가 흐른 시간, 전류의 인체통과 경로이다.

96 다음 [보기]에서 전선의 표시기호와 명칭이 모두 맞는 것은?

> [보기]
> ㄱ. OW : 옥외용 비닐 절연전선   ㄴ. DV : 인입용 비닐 절연 전선
> ㄷ. IV : 600[V] 비닐 절연 전선   ㄹ. ACRS : 내열용 비닐 절연 전선

① ㄱ, ㄴ, ㄷ
② ㄱ
③ ㄴ, ㄹ
④ ㄱ, ㄹ

97 그림과 같이 시가지에 있는 배전선로 A에는 보통 몇 V의 전압이 인가되고 있는가?

① 110V
② 220V
③ 440V
④ 22900V

해설
시가지에 있는 배전선로에는 22,900[V]의 전압이 인가되고 있다.

정답 87 ① 88 ① 89 ③ 90 ② 91 ④ 92 ④ 93 ① 94 ② 95 ④ 96 ① 97 ④

98 다음 그림에서 "A"는 특고압 22.9kV 배전선로의 지지와 절연을 위한 애자를 나타낸 것이다. "A"의 명칭은?

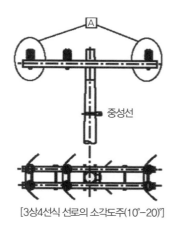

[3상4선식 선로의 소각도주(10°~20°)]

① 가공지선애자
② 지선애자
③ 라인포스트 애자(LPI)
④ 현수애자

⊕ 해설
라인포스트 애자(LPI)란 선로용 지지 애자이며, 점퍼선의 지지용으로 사용된다.

99 철탑 주변에서 건설기계 작업을 위해 전선을 지지하는 애자를 확인하니 한 줄에 10개로 되어 있었다. 예측 가능한 전압은?

① 22900V
② 66000V
③ 345000V
④ 154000V

⊕ 해설
애자가 10개로 되어 있는 경우 예측 가능한 전압은 154kV이다.

100 그림과 같이 고압 가공전선로 주상변압기를 설치하는데 높이 H는 시가지와 시가지 외에서 각각 몇 m인가?

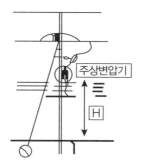

① 시가지 = 4.5m, 시가지 외 = 4m
② 시가지 = 4.5m, 시가지 외 = 3m
③ 시가지 = 5m, 시가지 외 = 4m
④ 시가지 = 5m, 시가지 외 = 3m

⊕ 해설
주상변압기의 높이는 시가지에서는 4.5m, 시가지 이외의 지역에서는 4m이다.

제2편

굴착기운전기능사
실전모의고사

굴착기운전기능사 실전모의고사 ❶

자격종목 및 등급	종목코드	시험시간	문제지형별	수험번호	성명
굴착기운전기능사	7862	60분			

1 해머 사용 시 안전에 주의해야 될 사항으로 틀린 것은?

① 해머 사용 전 주위를 살펴본다.
② 담금질한 것은 무리하게 두들기지 않는다.
③ 해머를 사용하여 작업할 때에는 처음부터 강한 힘을 사용한다.
④ 대형 해머를 사용할 때는 자기의 힘에 적합한 것으로 한다.

2 무거운 물건을 들어 올릴 때의 주의사항에 관한 설명으로 가장 적합하지 않은 것은?

① 장갑에 기름을 묻히고 든다.
② 가능하면 이동식 크레인을 이용한다.
③ 힘센 사람과 약한 사람과의 균형을 잡는다.
④ 약간씩 이동하는 것은 지렛대를 이용할 수도 있다.

3 다음 중 전기설비 화재 시 가장 적합하지 않은 소화기는?

① 포말 소화기
② 이산화탄소 소화기
③ 무상강화액 소화기
④ 할로겐화합물 소화기

❶ 해설
전기화재의 소화에 포말 소화기는 사용해서는 안 된다.

4 다음 중 사용 구분에 따른 차광보안경의 종류에 해당하지 않는 것은?

① 자외선용
② 적외선용
③ 용접용
④ 비산방지용

5 크레인 인양작업 시 줄걸이 안전사항으로 적합하지 않은 것은?

① 신호자는 원칙적으로 1인이다.
② 신호자는 크레인 운전자가 잘 볼 수 있는 안전한 위치에서 행한다.
③ 2인 이상의 고리 걸이 작업 시에는 상호 간에 소리를 내면서 행한다.
④ 권상작업 시 지면에 있는 보조자는 와이어 로프를 손으로 꼭 잡아 하물이 흔들리지 않게 하여야 한다.

6 산업안전보건법상 산업재해의 정의로 옳은 것은?

① 고의로 물적 시설을 파손한 것을 말한다.
② 운전 중 본인의 부주의로 교통사고가 발생된 것을 말한다.
③ 일상 활동에서 발생하는 사고로서 인적 피해에 해당하는 부분을 말한다.
④ 근로자가 업무에 관계되는 건설물, 설비, 원재료, 가스, 증기, 분진 등에 의하거나 작업 또는 그 밖의 업무로 인하여 사망 또는 부상하거나 질병에 걸리게 되는 것을 말한다.

7 산업재해 원인은 직접원인과 간접원인으로 구분되는데, 다음 직접원인 중에서 불안전한 행동에 해당되지 않는 것은?

① 허가 없이 장치를 운전
② 불충분한 경보 시스템
③ 결함 있는 장치를 사용
④ 개인 보호구 미사용

8 다음 중 산소결핍의 우려가 있는 장소에서 착용하여야 하는 마스크의 종류는?

① 방독 마스크
② 방진 마스크
③ 송기 마스크
④ 가스 마스크

9 다음 중 가스안전 영향평가서를 작성하여야 하는 공사는?

① 도로 폭이 8m 이상인 도로
② 가스배관이 통과하는 지하보도
③ 도로 폭이 12m 이상인 도로
④ 가스배관의 매설이 없는 철도 구간

10 22.9kV 배전선로에 근접하여 굴착기 등 건설기계로 작업 시 안전 관리상 맞는 것은?

① 안전관리자의 지시 없이 운전자가 알아서 작업한다.
② 전력선에 접촉되더라도 끊어지지 않으면 사고는 발생하지 않는다.
③ 전력선이 활선인지 확인 후 안전조치 된 상태에서 작업한다.
④ 해당 시설관리자는 입회하지 않아도 무관하다.

11 기관의 실린더 수가 많을 때의 장점이 아닌 것은?

① 기관의 진동이 적다.
② 저속회전이 용이하고 큰 동력을 얻을 수 있다.
③ 연료소비가 적고 큰 동력을 얻을 수 있다.
④ 가속이 원활하고 신속하다.

❶ 해설
실린더 수가 많으면 흡입공기의 분배가 어렵고 연료소모가 많다.

12 기관의 연료장치에서 희박한 혼합비가 미치는 영향으로 옳은 것은?

① 시동이 쉬워진다.
② 저속 및 공전이 원활하다.
③ 연소속도가 빠르다.
④ 출력(동력)의 감소를 가져온다.

❶ 해설
혼합비가 희박하면 기관 시동이 어렵고, 저속운전이 불량해지며, 연소속도가 느려 기관의 출력이 저하한다.

🚜 정답 1 ③ 2 ① 3 ① 4 ④ 5 ④ 6 ④ 7 ② 8 ③ 9 ② 10 ③ 11 ③ 12 ④

13 커먼레일 디젤기관의 흡기온도센서(ATS)에 대한 설명으로 틀린 것은?

① 주로 냉각 팬 제어신호로 사용된다.
② 연료량 제어 보정신호로 사용된다.
③ 분사시기 제어 보정신호로 사용된다.
④ 부특성 서미스터이다.

⊕ 해설
흡기온도 센서는 부특성 서미스터를 이용하며, 분사시기와 연료량 제어 보정신호로 사용된다.

14 수냉식 기관이 과열되는 원인으로 틀린 것은?

① 방열기의 코어가 20% 이상 막혔을 때
② 규정보다 높은 온도에서 수온 조절기가 열릴 때
③ 수온 조절기가 열린 채로 고정되었을 때
④ 규정보다 적게 냉각수를 넣었을 때

15 윤활유의 구비조건으로 틀린 것은?

① 청정성이 있을 것
② 적당한 점도를 가질 것
③ 인화점 및 발화점이 높을 것
④ 응고점이 높고 유막이 적당할 것

16 배기터빈 과급기에서 터빈 축 베어링의 윤활방법으로 옳은 것은?

① 기관오일을 급유
② 오일리스 베어링 사용
③ 그리스로 윤활
④ 기어오일을 급유

⊕ 해설
과급기의 터빈 축 베어링에는 기관오일을 급유한다.

17 에어컨 시스템에서 기화된 냉매를 액화하는 장치는?

① 응축기　　② 건조기
③ 컴프레서　　④ 팽창 밸브

⊕ 해설
응축기(Condenser)는 고온·고압의 기체냉매를 냉각을 통해 액체냉매 상태로 변화시킨다.

18 도체 내의 전류의 흐름을 방해하는 성질은?

① 전하　　② 전류
③ 전압　　④ 저항

⊕ 해설
저항은 전자의 이동을 방해하는 요소이다.

19 MF(Maintenance Free) 축전지에 대한 설명으로 적합하지 않는 것은?

① 격자의 재질은 납과 칼슘합금이다.
② 무보수용 배터리다.
③ 밀봉 촉매마개를 사용한다.
④ 증류수는 매 15일마다 보충한다.

⊕ 해설
MF 축전지는 증류수를 점검 및 보충하지 않아도 된다.

20 충전장치의 역할로 틀린 것은?

① 램프류에 전력을 공급한다.
② 에어컨 장치에 전력을 공급한다.
③ 축전지에 전력을 공급한다.
④ 기동장치에 전력을 공급한다.

⊕ 해설
기동장치에 전력을 공급하는 것은 축전지이다.

21 유압 실린더의 숨 돌리기 현상이 생겼을 때 일어나는 현상이 아닌 것은?

① 작동 지연 현상이 생긴다.
② 서지압이 발생한다.
③ 오일의 공급이 과대해진다.
④ 피스톤 작동이 불안정하게 된다.

⊕ 해설
유압 실린더의 숨 돌리기 현상이 생겼을 때 일어나는 현상은 ①, ②, ④항 이외에 오일의 공급이 부족해지는 것이다.

22 유압회로에서 작동유의 정상작동 온도에 해당되는 것은?

① 5~10℃　　② 40~80℃
③ 112~115℃　　④ 125~140℃

⊕ 해설
작동유의 정상작동 온도범위는 40~80℃ 정도이다.

23 난연성 작동유의 종류에 해당하지 않는 것은?

① 석유계 작동유
② 유중수형 작동유
③ 물-글리콜형 작동유
④ 인산 에스텔형 작동유

⊕ 해설
난연성 작동유의 종류에는 인산에스테르, 폴리올 에스테르 수중유적형(O/W), 유중수형(W/O), 물-글리콜계 등이 있다.

24 건설기계의 유압장치 취급방법으로 적합하지 않은 것은?

① 유압장치는 워밍업 후 작업하는 것이 좋다.
② 유압유는 일주일에 한 번, 소량씩 보충한다.
③ 작동유에 이물질이 포함되지 않도록 관리·취급하여야 한다.
④ 작동유가 부족하지 않은지 점검하여야 한다.

25 건설기계 작업 중 유압회로 내의 유압이 상승되지 않을 때의 점검사항으로 적합하지 않은 것은?

① 오일 탱크의 오일량 점검
② 오일이 누출되었는지 점검
③ 펌프로부터 유압이 발생되는지 점검
④ 자기탐상법에 의한 작업장치의 균열 점검

26 유압장치에서 가장 많이 사용되는 유압 회로도는?

① 조합 회로도
② 그림 회로도
③ 단면 회로도
④ 기호 회로도

⊕ 해설
일반적으로 많이 사용하는 유압 회로도는 기호 회로도이다.

27 플런저가 구동축의 직각 방향으로 설치되어 있는 유압 모터는?

① 캠형 플런저 모터
② 액시얼형 플런저 모터
③ 블래더형 플런저 모터
④ 레이디얼형 플런저 모터

⊕ 해설
레이디얼형 플런저 모터는 플런저가 구동축의 직각 방향으로 설치되어 있다.

28 유압 실린더의 움직임이 느리거나 불규칙 할 때의 원인이 아닌 것은?

① 피스톤 링이 마모되었다.
② 유압유의 점도가 너무 높다.
③ 회로 내에 공기가 혼입되고 있다.
④ 체크 밸브의 방향이 반대로 설치되어 있다.

29 유압 실린더의 종류에 해당하지 않는 것은?

① 복동 실린더 싱글로드형
② 복동 실린더 더블로드형
③ 단동 실린더 배플형
④ 단동 실린더 램형

⊕ 해설
유압 실린더의 종류에는 단동 실린더, 복동 실린더(싱글로드형과 더블로드형), 다단 실린더, 램형 실린더 등이 있다.

30 일반적인 오일 탱크의 구성품이 아닌 것은?

① 스트레이너
② 유압태핏
③ 드레인 플러그
④ 배플 플레이트

⊕ 해설
오일 탱크는 유압펌프로 흡입되는 유압유를 여과하는 스트레이너, 탱크 내의 오일량을 표시하는 유면계, 유압유의 출렁거림을 방지하고 기포발생 방지 및 제거하는 배플 플레이트(격판) 유압유를 배출시킬 때 사용하는 드레인 플러그 등으로 구성된다.

31 도로교통법령에 따라 도로를 통행하는 자동차가 야간에 켜야 하는 등화의 구분 중 견인되는 차가 켜야 할 등화는?

① 전조등, 차폭등, 미등
② 미등, 차폭등, 번호등
③ 전조등, 미등, 번호등
④ 전조등, 미등

⊕ 해설
야간에 견인되는 자동차가 켜야 할 등화는 차폭등, 미등, 번호등이다.

32 건설기계관리법령상 시·도지사는 건설기계등록원부를 건설기계의 등록을 말소한 날부터 몇 년간 보존하여야 하는가?

① 3 　　　　② 5
③ 7 　　　　④ 10

⊕ 해설
건설기계 등록원부는 건설기계의 등록을 말소한 날부터 10년간 보존하여야 한다.

33 대형건설기계의 특별표지 중 경고표지판 부착 위치는?

① 작업인부가 쉽게 볼 수 있는 곳
② 조종실 내부의 조종사가 보기 쉬운 곳
③ 교통경찰이 쉽게 볼 수 있는 곳
④ 특별 번호판 옆

⊕ 해설
대형건설기계에는 조종실 내부의 조종사가 보기 쉬운 곳에 경고표지판을 부착하여야 한다.

34 도로에서 정차를 하고자 할 때의 방법으로 옳은 것은?

① 차체의 전단부가 도로 중앙을 향하도록 비스듬히 정차한다.
② 진행 방향의 반대 방향으로 정차한다.
③ 차도의 우측 가장자리에 정차한다.
④ 일방통행로에서 좌측 가장자리에 정차한다.

35 교통사고로서 중상의 기준에 해당하는 것은?

① 1주 이상의 치료를 요하는 부상
② 2주 이상의 치료를 요하는 부상
③ 3주 이상의 치료를 요하는 부상
④ 4주 이상의 치료를 요하는 부상

⊕ 해설
중상 기준은 3주 이상의 치료를 요하는 부상이다.

36 고속도로를 제외한 도로에서 위험을 방지하고 교통의 안전과 원활한 소통을 확보하기 위하여 필요시 구역 또는 구간을 지정하여 자동차의 속도를 제한할 수 있는 자는?

① 경찰청장
② 국토교통부장관
③ 지방경찰청장
④ 도로교통 공단 이사장

⊕ 해설
지방경찰청장은 도로에서 위험을 방지하고 교통의 안전과 원활한 소통을 확보하기 위하여 필요하다고 인정하는 때에 구역 또는 구간을 지정하여 자동차의 속도를 제한할 수 있다.

37 건설기계의 조종 중 과실로 1명에게 중상의 인명피해를 입힌 경우, 조종사면허 처분기분은?

① 면허효력정지 15일 　② 면허효력정지 5일
③ 면허효력정지 45일 　④ 면허 취소

⊕ 해설
인명 피해에 따른 면허정지기간
– 사망 1명마다 : 면허효력정지 45일
– 중상 1명마다 : 면허효력정지 15일
– 경상 1명마다 : 면허효력정지 5일

38 건설기계의 정비명령은 누구에게 하여야 하는가?

① 해당기계 운전자
② 해당기계 검사업자
③ 해당기계 정비업자
④ 해당기계 소유자

해설
정비명령은 검사에 불합격한 해당 건설기계 소유자에게 한다.

39 운전자가 진행 방향을 변경하려고 할 때 신호를 하여야 할 시기로 옳은 것은? (단, 고속도로 제외)

① 변경하려고 하는 지점의 3m 전에서
② 변경하려고 하는 지점의 10m 전에서
③ 변경하려고 하는 지점의 30m 전에서
④ 특별히 정해져 있지 않고, 운전자 임의대로

해설
진행방향을 변경하려고 할 때 신호를 해야 할 시기는 변경하려고 하는 지점의 30m 전이다.

40 신호등이 없는 교차로에서 좌회전하려는 버스와 그 교차로에 진입하여 직진하고 있는 건설기계가 있을 때 어느 차에 우선권이 있는가?

① 직진하고 있는 건설기계가 우선
② 좌회전하려는 버스가 우선
③ 사람이 많이 탄 차가 우선
④ 형편에 따라서 우선순위가 정해짐

41 전부 장치가 부착된 굴착기를 트레일러로 수송할 때 붐이 향하는 방향으로 가장 적합한 것은?

① 앞 방향
② 뒷 방향
③ 좌측 방향
④ 우측 방향

해설
트레일러로 굴착기를 운반할 때 작업 장치를 반드시 뒤쪽으로 한다.

42 토크컨버터 구성품 중 스테이터의 기능으로 맞는 것은?

① 오일의 흐름 방향을 바꿔 회전력을 증대시킨다.
② 토크컨버터의 동력을 전달 또는 차단시킨다.
③ 오일의 회전속도를 감속하여 견인력을 증대시킨다.
④ 클러치판의 마찰력을 감소시킨다.

해설
스테이터는 펌프와 터빈 사이의 오일 흐름 방향을 바꿔 회전력을 증대시킨다.

43 무한궤도식 굴착기에서 주행 충격이 클 때 트랙의 조정방법 중 틀린 것은?

① 브레이크가 있는 경우에는 브레이크를 사용해서는 안 된다.
② 장력은 일반적으로 25~40cm이다.
③ 2~3회 반복 조정하여 양쪽 트랙의 유격을 똑같이 조정하여야 한다.
④ 전진하다가 정지시켜야 한다.

해설
트랙유격 일반적으로 25~40mm 정도이다.

44 유압식 굴착기의 특징이 아닌 것은?

① 구조가 간단하다.
② 운전조작이 쉽다.
③ 프런트 어태치먼트 교환이 쉽다.
④ 회전 부분의 용량이 크다.

해설
유압식 굴착기는 회전 부분의 용량이 작다.

45 다음 중 구조 및 기능 점검의 구성요소에 속하지 않는 것은?

① 붐
② 디퍼스틱
③ 버킷
④ 롤러

해설
구조 및 기능 점검는 붐, 디퍼스틱(암, 투붐), 버킷으로 구성된다.

46 다음 중 굴착기의 굴착력이 가장 클 경우는?

① 암과 붐이 일직선상에 있을 때
② 암과 붐이 45° 선상을 이루고 있을 때
③ 버킷을 최소 작업반경 위치로 놓았을 때
④ 암과 붐이 직각 위치에 있을 때

해설
큰 굴착력은 암과 붐의 각도가 80~110° 정도일 때 발휘한다.

47 타이어식 건설기계의 액슬 허브에 오일을 교환하고자 한다. 오일을 배출시킬 때와 주입할 때의 플러그 위치로 옳은 것은?

① 배출시킬 때 1시 방향, 주입할 때 9시 방향
② 배출시킬 때 6시 방향, 주입할 때 9시 방향
③ 배출시킬 때 3시 방향, 주입할 때 9시 방향
④ 배출시킬 때 2시 방향, 주입할 때 12시 방향

해설
액슬 허브 오일을 교환할 때 오일을 배출시킬 경우에는 플러그를 6시 방향에, 주입할 때는 플러그 방향을 9시 방향에 위치시킨다.

48 건설기계를 트레일러에 상·하차하는 방법 중 틀린 것은?

① 언덕을 이용한다.
② 기중기를 이용한다.
③ 타이어를 이용한다.
④ 건설기계 전용 상하차대를 이용한다.

49 굴착기로 작업 시 작동이 불가능하거나 해서는 안 되는 작동은 다음 중 어느 것인가?

① 굴착하면서 선회한다.
② 붐을 들면서 버킷에 흙을 담는다.
③ 붐을 낮추면서 선회한다.
④ 붐을 낮추면서 굴착 한다.

해설
굴착기로 작업할 때 굴착하면서 선회를 해서는 안 된다.

정답 38 ④ 39 ③ 40 ① 41 ② 42 ① 43 ② 44 ④ 45 ④ 46 ④ 47 ② 48 ③ 49 ①

50 다음 중 효과적인 굴착 작업이 아닌 것은?

① 붐과 암의 각도를 80~110° 정도로 선정한다.
② 버킷 투스의 끝이 암(디퍼스틱)보다 안쪽으로 향해야 한다.
③ 버킷은 의도한 위치에 두고 붐과 암을 계속 변화시키면서 굴착한다.
④ 굴착한 후 암(디퍼스틱)을 오므리면서 붐은 상승위치로 변화시켜 하역위치로 스윙한다.

⊙ 해설
버킷 투스의 끝이 암(디퍼스틱)보다 바깥쪽으로 향해야 한다.

51 덤프트럭에 상차작업 시 가장 중요한 굴착기의 위치는?

① 선회거리를 가장 짧게 한다.
② 암 작동거리를 가장 짧게 한다.
③ 버킷 작동거리를 가장 짧게 한다.
④ 붐 작동거리를 가장 짧게 한다.

⊙ 해설
덤프트럭에 상차작업을 할 때는 굴착기의 선회거리를 가장 짧게 해야 한다.

52 굴착기의 주행성능이 불량할 때 점검과 관계없는 것은?

① 트랙 장력   ② 스윙 모터
③ 주행 모터   ④ 센터 조인트

53 타이어형 굴착기의 주행 전 주의사항으로 틀린 것은?

① 버킷 실린더, 암 실린더를 충분히 눌러 펴서 버킷이 캐리어 상면 높이 위치에 있도록 한다.
② 버킷 레버, 암 레버, 붐 실린더 레버가 움직이지 않도록 잠가둔다.
③ 선회고정 장치는 반드시 풀어 놓는다.
④ 굴착기에 그리스, 오일, 진흙 등이 묻어 있는지 점검한다.

⊙ 해설
선회고정 장치는 반드시 잠그고 주행한다.

54 무한궤도식 굴착기로 주행 중 회전 반경을 가장 적게 할 수 있는 방법은?

① 한쪽 주행 모터만 구동시킨다.
② 구동하는 주행 모터 이외에 다른 모터의 조향 브레이크를 강하게 작동시킨다.
③ 2개의 주행 모터를 서로 반대 방향으로 동시에 구동시킨다.
④ 트랙의 폭이 좁은 것으로 교체한다.

⊙ 해설
회전 반경을 적게 하려면 2개의 주행 모터를 서로 반대 방향으로 동시에 구동시킨다. 즉 스핀 회전을 한다.

55 크롤러식 굴착기에서 상부회전체의 회전에는 영향을 주지 않고 주행모터에 작동유를 공급할 수 있는 부품은?

① 컨트롤 밸브
② 센터 조인트
③ 사축형 유압 모터
④ 언로더 밸브

⊙ 해설
센터 조인트는 상부회전체의 회전중심부에 설치되어 있으며, 상부회전체의 유압유를 주행 모터로 전달한다. 또 상부회전체가 회전하더라도 호스, 파이프 등이 꼬이지 않고 원활하게 공급한다.

56 크롤러형 굴착기에서 하부 추진체의 동력 전달 순서로 맞는 것은?

① 기관 → 트랙 → 유압 모터 → 변속기 → 토크컨버터
② 기관 → 토크컨버터 → 변속기 → 트랙 → 클러치
③ 기관 → 유압펌프 → 컨트롤 밸브 → 주행 모터 → 트랙
④ 기관 → 트랙 → 스프로킷 → 변속기 → 클러치

⊙ 해설
무한궤도식 굴착기의 하부추진체 동력 전달 순서는 기관 → 유압펌프 → 컨트롤 밸브 → 센터 조인트 → 주행 모터 → 트랙이다.

57 굴착기의 밸런스 웨이트(Balance Weight)에 대한 설명으로 가장 적합한 것은?

① 작업을 할 때 장비의 뒷부분이 들리는 것을 방지한다.
② 굴착량에 따라 중량물을 들 수 있도록 운전자가 조절하는 장치이다.
③ 접지 압력을 높여주는 장치이다.
④ 접지 면적을 높여주는 장치이다.

⊙ 해설
굴착기의 밸런스 웨이트(평형추)는 작업을 할 때 장비의 뒷부분이 들리는 것을 방지한다.

58 굴착기의 상부회전체는 어느 것에 의해 하부주행체에 연결되어 있는가?

① 푸트핀   ② 스윙 볼 레이스
③ 스윙 모터   ④ 주행 모터

⊙ 해설
굴착기 상부회전체는 스윙 볼 레이스에 의해 하부주행체와 연결된다.

59 굴착기 버킷 포인트(투스)의 사용 및 정비방법으로 옳은 것은?

① 샤프형 포인트는 암석, 자갈 등의 굴착 및 적재작업에 사용한다.
② 로크형 포인트는 점토, 석탄 등을 잘나낼 때 사용한다.
③ 핀과 고무 등은 가능한 한 그대로 사용한다.
④ 마모 상태에 따라 안쪽과 바깥쪽의 포인트를 바꿔 끼워가며 사용한다.

⊙ 해설
버킷 포인트(투스)는 마모 상태에 따라 안쪽과 바깥쪽의 포인트를 바꿔 끼워가며 사용한다.

60 작업 장치 핀 등에 그리스가 주유되었는가를 확인하는 방법으로 옳은 것은?

① 그리스 니플을 분해하여 확인한다.
② 그리스 니플을 깨끗이 청소한 후 확인한다.
③ 그리스 니플의 볼을 눌러 확인한다.
④ 그리스 주유 후 확인할 필요가 없다.

⊙ 해설
그리스 주유 확인은 니플의 볼을 눌러 확인한다.

정답 **50** ② **51** ① **52** ② **53** ③ **54** ③ **55** ② **56** ③ **57** ① **58** ② **59** ④ **60** ③

자격종목 및 등급	종목코드	시험시간	문제지형별	수험번호	성명
굴착기운전기능사	7862	60분			

1 전기화재에 적합하며 화재 때 화점에 분사하는 소화기로 산소를 차단하는 소화기는?

① 포말 소화기
② 이산화탄소 소화기
③ 분말 소화기
④ 증발 소화기

🔘해설
이산화탄소 소화기는 유류, 전기화재 모두 적용이 가능하나, 산소차단(질식작용)에 의해 화염을 진화하기 때문에 실내에서 사용할 때는 특히 주의를 기울여야 한다.

2 건설기계 작업 시 주의사항으로 틀린 것은?

① 운전석을 떠날 경우에는 기관을 정지시킨다.
② 작업 시에는 항상 사람의 접근에 특별히 주의한다.
③ 주행 시는 가능한 한 평탄한 지면으로 주행한다.
④ 후진 시는 후진 후 사람 및 장애물 등을 확인한다.

3 기계의 회전 부분(기어, 벨트, 체인)에 덮개를 설치하는 이유는?

① 좋은 품질의 제품을 얻기 위하여
② 회전 부분의 속도를 높이기 위하여
③ 제품의 제작과정을 숨기기 위하여
④ 회전 부분과 신체의 접촉을 방지하기 위하여

4 수공구 사용방법으로 옳지 않은 것은?

① 좋은 공구를 사용할 것
② 해머의 쐐기 유무를 확인할 것
③ 스패너는 너트에 잘 맞는 것을 사용할 것
④ 해머의 사용면이 넓고 얇아진 것을 사용할 것

5 산업재해의 통상적인 분류 중 통계적 분류에 대한 설명으로 틀린 것은?

① 사망 : 업무로 인해서 목숨을 잃게 되는 경우
② 중경상 : 부상으로 인해 30일 이상의 노동 상실을 가져온 상해 정도
③ 경상해 : 부상으로 1일 이상 7일 이하의 노동 상실을 가져온 상해 정도
④ 무상해 사고 : 응급처치 이하의 상처로 작업에 종사하면서 치료를 받는 상해 정도

6 불안전한 조명, 불안전한 환경, 방호장치의 결함으로 인하여 오는 산업재해 요인은?

① 지적 요인
② 물적 요인
③ 신체적 요인
④ 정신적 요인

🔘해설
물적 요인이란 불안전한 조명, 불안전한 환경, 방호장치의 결함 등으로 인해 발생하는 산업재해이다.

7 다음 중 가스누설 검사에 가장 좋고 안전한 것은?

① 아세톤
② 성냥불
③ 순수한 물
④ 비눗물

8 일반적인 보호구의 구비조건으로 맞지 않는 것은?

① 착용이 간편할 것
② 햇볕에 잘 열화 될 것
③ 재료의 품질이 양호할 것
④ 위험유해요소에 대한 방호성능이 충분할 것

9 굴착공사 중 적색으로 된 도시가스 배관을 손상시켰으나 다행히 가스는 누출되지 않고 피복만 벗겨졌다. 이때의 조치사항으로 가장 적합한 것은?

① 해당 도시가스회사에 그 사실을 알려 보수하도록 한다.
② 가스가 누출되지 않았으므로 그냥 되메우기 한다.
③ 벗겨지거나 손상된 피복은 고무판이나 비닐 테이프로 감은 후 되메우기 한다.
④ 벗겨진 피복은 부식 방지를 위하여 아스팔트를 칠하고 비닐 테이프로 감은 후 직접 되메우기 한다.

10 특별고압 가공 배전선로에 관한 설명으로 옳은 것은?

① 높은 전압일수록 전주 상단에 설치하는 것을 원칙으로 한다.
② 낮은 전압일수록 전주 상단에 설치하는 것을 원칙으로 한다.
③ 전압에 관계없이 장소마다 다르다.
④ 배전선로는 전부 절연전선이다.

11 노킹이 발생되었을 때 디젤기관에 미치는 영향이 아닌 것은?

① 배기가스의 온도가 상승한다.
② 연소실 온도가 상승한다.
③ 엔진에 손상이 발생할 수 있다.
④ 출력이 저하된다.

12 크랭크축의 비틀림 진동에 대한 설명으로 틀린 것은?

① 각 실린더의 회전력 변동이 클수록 커진다.
② 크랭크축이 길수록 커진다.
③ 강성이 클수록 커진다.
④ 회전 부분의 질량이 클수록 커진다.

🔧정답 1 ② 2 ④ 3 ④ 4 ④ 5 ② 6 ② 7 ④ 8 ② 9 ① 10 ① 11 ① 12 ③

◆ 해설
크랭크축의 비틀림 진동발생은 크랭크축의 강성이 적을수록, 기관의 회전속도가 느릴수록 크다.

13 디젤기관에서 발생하는 진동의 원인이 아닌 것은?

① 프로펠러 샤프트의 불균형
② 분사시기의 불균형
③ 분사량의 불균형
④ 분사압력의 불균형

14 2행정 디젤기관의 소기방식에 속하지 않는 것은?

① 루프 소기식
② 횡단 소기식
③ 복류 소기식
④ 단류 소기식

◆ 해설
소기방식에는 단류 소기식, 횡단 소기식, 루프 소기식이 있다.

15 압력식 라디에이터 캡에 대한 설명으로 옳은 것은?

① 냉각장치 내부압력이 규정보다 낮을 때 공기밸브는 열린다.
② 냉각장치 내부압력이 규정보다 높을 때 진공 밸브는 열린다.
③ 냉각장치 내부압력이 부압이 되면 진공 밸브는 열린다.
④ 냉각장치 내부압력이 부압이 되면 공기밸브는 열린다.

◆ 해설
압력식 라디에이터 캡의 작동
• 냉각장치 내부압력이 부압이 되면(내부압력이 규정보다 낮을 때) 진공 밸브가 열린다.
• 냉각장치 내부압력이 규정보다 높을 때 압력 밸브가 열린다.

16 건설기계 운전 작업 중 온도게이지가 "H" 위치에 근접되어 있다. 운전자가 취해야 할 조치로 가장 알맞은 것은?

① 작업을 계속해도 무방하다.
② 잠시 작업을 중단하고 휴식을 취한 후 다시 작업한다.
③ 윤활유를 즉시 보충하고 계속 작업한다.
④ 작업을 중단하고 냉각수 계통을 점검한다.

17 전조등의 구성 부품으로 틀린 것은?

① 전구
② 렌즈
③ 반사경
④ 플래셔 유닛

18 일반적인 축전지 터미널의 식별 법으로 적합하지 않은 것은?

① (+), (−)의 표시로 구분한다.
② 터미널의 요철로 구분한다.
③ 굵고 가는 것으로 구분한다.
④ 적색과 흑색 등 색깔로 구분한다.

19 교류발전기에서 높은 전압으로부터 다이오드를 보호하는 구성품은 어느 것인가?

① 콘덴서
② 필드코일
③ 정류기
④ 로터

◆ 해설
콘덴서는 교류발전기에서 높은 전압으로부터 다이오드를 보호한다.

20 기관의 기동을 보조하는 장치가 아닌 것은?

① 공기 예열 장치
② 실린더의 감압 장치
③ 과급 장치
④ 연소촉진제 공급 장치

◆ 해설
디젤기관의 시동보조 장치에는 예열 장치, 흡기가열 장치(흡기히터와 히트레인지), 실린더 감압 장치, 연소촉진제 공급 장치 등이 있다.

21 건설기계조종사의 면허취소 사유에 해당하는 것은?

① 과실로 인하여 1명을 사망하게 하였을 경우
② 면허의 효력정지 기간 중 건설기계를 조종한 경우
③ 과실로 인하여 10명에게 경상을 입힌 경우
④ 건설기계로 1천만 원 이상의 재산피해를 냈을 경우

22 주행 중 차마의 진로를 변경해서는 안 되는 경우는?

① 교통이 복잡한 도로일 때
② 시속 30km 이하인 주행도인 곳
③ 특별히 진로변경이 금지된 곳
④ 4차로 도로일 때

◆ 해설
특별히 진로변경이 금지된 곳에서는 진로를 변경해서는 안 된다.

23 건설기계관리법령상 정기검사 유효기간이 3년인 건설기계는?

① 덤프트럭
② 콘크리트 믹서 트럭
③ 트럭적재식 콘크리트 펌프
④ 무한궤도식 굴착기

◆ 해설
무한궤도식 굴착기의 정기검사 유효기간은 3년이다.

24 시·도지사가 지정한 교육기관에서 당해 건설기계의 조종에 관한 교육과정을 이수한 경우 건설기계조종사 면허를 받은 것으로 보는 소형건설기계는?

① 5톤 미만의 불도저
② 5톤 미만의 지게차
③ 5톤 미만의 굴착기
④ 5톤 미만의 타워크레인

◆ 해설
소형건설기계의 종류 : 5톤 미만의 불도저, 5톤 미만의 로더, 5톤 미만의 천공기(트럭적재식은 제외), 3톤 미만의 지게차, 3톤 미만의 굴착기, 3톤 미만의 타워크레인, 공기압축기, 콘크리트 펌프(이동식에 한정), 쇄석기, 준설선

정답 13 ① 14 ③ 15 ③ 16 ④ 17 ④ 18 ② 19 ① 20 ③ 21 ② 22 ③ 23 ④ 24 ①

25 술에 취한 상태의 기준은 혈중알코올농도가 최소 몇 퍼센트 이상인 경우인가?

① 0.25　　　　　　② 0.03
③ 1.25　　　　　　④ 1.50

◉ 해설
도로교통법령상 술에 취한 상태의 기준은 혈중알코올농도가 0.03% 이상인 경우이다.

26 정기검사에 불합격한 건설기계의 정비명령 기간으로 옳은 것은?

① 3개월 이내　　　　② 4개월 이내
③ 5개월 이내　　　　④ 6개월 이내

◉ 해설
정비명령 기간은 6개월 이내이다.

27 건설기계의 출장검사가 허용되는 경우가 아닌 것은?

① 도서지역에 있는 건설기계
② 너비가 2.0m를 초과하는 건설기계
③ 최고속도가 시간당 35km 미만인 건설기계
④ 자체중량이 40t을 초과하거나 축중이 10t을 초과하는 건설기계

◉ 해설
출장검사를 받을 수 있는 경우는 ①, ③, ④항 이외에 너비가 2.5m 이상인 경우

28 자동차 1종 대형운전면허로 건설기계를 운전할 수 없는 것은?

① 덤프트럭　　　　　② 노상안정기
③ 트럭적재식 천공기　④ 트레일러

◉ 해설
제1종 대형운전면허로 조종할 수 있는 건설기계는 덤프트럭, 아스팔트 살포기, 노상 안정기, 콘크리트 믹서 트럭, 콘크리트 펌프, 트럭적재식 천공기 등이다.

29 건설기계의 연료 주입구는 배기관의 끝으로부터 얼마 이상 떨어져 설치하여야 하는가?

① 5cm　　　　　　② 10cm
③ 30cm　　　　　　④ 50cm

◉ 해설
연료 주입구는 배기관의 끝으로부터 30cm 이상 떨어져 설치하여야 한다.

30 밤에 도로에서 차를 운행하는 경우 등의 등화로 틀린 것은?

① 견인되는 차 : 미등, 차폭등 및 번호등
② 원동기장치 자전거 : 전조등 및 미등
③ 자동차 : 자동차안전기준에서 정하는 전조등, 차폭등, 미등
④ 자동차등 외의 모든 차 : 지방경찰청장이 정하여 고시하는 등화

31 유압 작동유의 점도가 지나치게 낮을 때 나타날 수 있는 현상은?

① 출력이 증가한다.
② 압력이 상승한다.
③ 유동저항이 증가한다.
④ 유압 실린더의 속도가 늦어진다.

◉ 해설
유압유의 점도가 너무 낮으면 유압 실린더의 속도가 늦어진다.

32 베인 펌프에 대한 설명으로 틀린 것은?

① 날개로 펌핑 동작을 한다.
② 토크(Torque)가 안정되어 소음이 작다.
③ 싱글형과 더블형이 있다.
④ 베인 펌프는 1단 고정으로 설계된다.

◉ 해설
베인 펌프는 날개로 펌핑 동작을 하며, 싱글형과 더블형이 있고, 토크가 안정되어 소음이 작다.

33 유압기기의 단점으로 틀린 것은?

① 에너지의 손실이 적다.
② 오일은 가연성이 있어 화재 위험이 있다.
③ 회로 구성이 어렵고 누설되는 경우가 있다.
④ 오일의 온도변화에 따라서 점도가 변하여 기계의 작동 속도가 변한다.

◉ 해설
유압장치는 에너지 손실이 큰 단점이 있다.

34 순차작동 밸브라고도 하며, 각 유압 실린더를 일정한 순서로 순차작동 시키고자 할 때 사용하는 것은?

① 릴리프 밸브　　　　② 감압 밸브
③ 시퀀스 밸브　　　　④ 언로더 밸브

◉ 해설
시퀀스 밸브는 2개 이상의 분기회로에서 유압 실린더나 모터의 작동순서를 결정한다.

35 유압 계통에서 릴리프 밸브의 스프링 장력이 약화될 때 발생될 수 있는 현상은?

① 채터링 현상　　　　② 노킹 현상
③ 블로 바이 현상　　　④ 트램핑 현상

◉ 해설
채터링이란 릴리프 밸브에서 스프링 장력이 약할 때 볼이 밸브의 시트를 때려 소음을 내는 진동현상이다.

36 플런저가 구동축의 직각 방향으로 설치되어 있는 유압 모터는?

① 캠형 플런저 모터　　② 액시얼형 플런저 모터
③ 블래더형 플런저 모터　④ 레이디얼형 플런저 모터

◉ 해설
레이디얼형 플런저 모터는 플런저가 구동축의 직각 방향으로 설치되어 있다.

37 유압 실린더의 종류에 해당하지 않는 것은?

① 복동 실린더 싱글로드형
② 복동 실린더 더블로드형
③ 단동 실린더 배플형
④ 단동 실린더 램형

◉ 해설
유압 실린더의 종류에는 단동 실린더, 복동 실린더(싱글로드형과 더블로드형), 다단 실린더, 램형 실린더 등이 있다.

정답 25 ② 　26 ④ 　27 ② 　28 ④ 　29 ③ 　30 ③ 　31 ④ 　32 ④ 　33 ① 　34 ③ 　35 ① 　36 ④ 　37 ③

38 유압·공기압 도면기호 중 그림이 나타내는 것은?

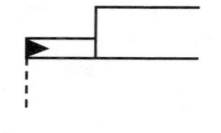

① 유압 파일럿(외부)
② 공기압 파일럿(외부)
③ 유압 파일럿(내부)
④ 공기압 파일럿(내부)

39 유압 회로에 사용되는 유압제어 밸브의 역할이 아닌 것은?

① 일의 관성을 제어한다.
② 일의 방향을 변환시킨다.
③ 일의 속도를 제어한다.
④ 일의 크기를 조정한다.

⊕ 해설
압력 제어 밸브는 일의 크기 결정, 유량 제어 밸브는 일의 속도 결정, 방향 제어 밸브는 일의 방향 결정

40 건설기계의 작동유 탱크 역할로 틀린 것은?

① 유온을 적정하게 유지하는 역할을 한다.
② 작동유를 저장한다.
③ 오일 내 이물질의 침전작용을 한다.
④ 유압을 적정하게 유지하는 역할을 한다.

41 무한궤도식 굴착기에서 스프로킷이 한쪽으로만 마모되는 원인으로 가장 적합한 것은?

① 트랙 장력이 늘어났다.
② 트랙 링크가 마모되었다.
③ 상부롤러가 과다하게 마모되었다.
④ 스프로킷 및 아이들러가 직선 배열이 아니다.

⊕ 해설
스프로킷이 한쪽으로만 마모되는 원인은 스프로킷 및 아이들러가 직선 배열이 아니기 때문이다.

42 트랙 슈의 종류가 아닌 것은?

① 고무 슈
② 4중 돌기 슈
③ 3중 돌기 슈
④ 반이중 돌기 슈

⊕ 해설
트랙 슈의 종류에는 단일돌기 슈, 2중 돌기 슈, 3중 돌기 슈, 습지용 슈, 고무 슈, 암반용 슈, 평활 슈 등이 있다.

43 변속기의 필요성과 관계가 없는 것은?

① 시동 시 장비를 무부하 상태로 한다.
② 기관의 회전력을 증대시킨다.
③ 장비의 후진 시 필요로 한다.
④ 환향을 빠르게 한다.

⊕ 해설
변속기는 기관을 시동할 때 무부하 상태로 하고, 회전력을 증가시키며, 역전(후진)을 가능하게 한다.

44 굴착기의 작업 장치 연결부(작동부) 니플에 주유하는 것은?

① G.A.A(그리스)
② SAE #30(엔진오일)
③ G.O(기어오일)
④ H.O(유압유)

⊕ 해설
작업 장치 연결부(작동부)의 니플에는 G.A.A(그리스)를 8~10시간마다 주유한다.

45 굴착기의 붐 제어레버를 계속하여 상승위치로 당기고 있으면 다음 중 어느 곳에 가장 큰 손상이 발생하는가?

① 엔진
② 유압펌프
③ 릴리프 밸브 및 시트
④ 유압 모터

⊕ 해설
굴착기의 붐 제어레버를 계속하여 상승위치로 당기고 있으면 릴리프 밸브 및 시트에 가장 큰 손상이 발생한다.

46 굴착기의 조종레버 중 굴착작업과 직접 관계가 없는 것은?

① 버킷 제어 레버
② 붐 제어 레버
③ 암(스틱) 제어 레버
④ 스윙 제어 레버

⊕ 해설
굴착작업에 직접 관계되는 것은 암(디퍼스틱) 제어 레버, 붐 제어 레버, 버킷 제어 레버 등이다.

47 굴착기 붐(Boom)은 무엇에 의하여 상부회전체에 연결되어 있는가?

① 테이퍼 핀(Taper Pin)
② 푸트 핀(Foot Pin)
③ 킹핀(King Pin)
④ 코터 핀(Cotter Pin)

⊕ 해설
굴착기 붐은 푸트 핀에 의해 상부회전체에 설치된다.

48 다음 중 구조 및 기능 점검의 구성요소에 속하지 않는 것은?

① 붐
② 디퍼스틱
③ 버킷
④ 롤러

⊕ 해설
구조 및 기능 점검는 붐, 디퍼스틱(암, 투붐), 버킷으로 구성된다.

49 굴착기 붐의 자연 하강량이 많을 때의 원인이 아닌 것은?

① 유압 실린더의 내부 누출이 있다.
② 컨트롤 밸브의 스풀에서 누출이 많다.
③ 유압 실린더 배관이 파손되었다.
④ 유압작동 압력이 과도하게 높다.

⊕ 해설
붐의 자연 하강량이 큰 원인은 유압 실린더 내부누출, 컨트롤 밸브 스풀에서의 누출, 유압 실린더 배관의 파손, 유압이 과도하게 낮을 때이다.

50 버킷의 굴착력을 증가시키기 위해 부착하는 것은?

① 보강 판
② 사이드 판
③ 노즈
④ 포인트(투스)

➕ 해설
버킷의 굴착력을 증가시키기 위해 포인트(투스)를 설치한다.

51 굴착기 스윙(선회) 동작이 원활하게 안 되는 원인으로 틀린 것은?

① 컨트롤 밸브 스풀 불량
② 릴리프 밸브 설정 압력 부족
③ 터닝 조인트(Turning Joint) 불량
④ 스윙(선회)모터 내부손상

➕ 해설
터닝 조인트는 센터 조인트라고도 부르며 무한궤도형 굴착기에서 상부회전체의 회전에는 영향을 주지 않고 주행모터에 작동유를 공급할 수 있는 부품이다.

52 무한궤도식 굴착기의 하부주행체를 구성하는 요소가 아닌 것은?

① 선회고정 장치
② 주행 모터
③ 스프로킷
④ 트랙

53 트랙식 굴착기의 한쪽 주행레버만 조작하여 회전하는 것을 무엇이라 하는가?

① 피벗 회전
② 급회전
③ 스핀 회전
④ 원웨이 회전

➕ 해설
피벗 턴(Pivot Turn)은 한쪽 주행레버만 조작하여 조향을 하는 방법이다.

54 굴착기에서 그리스를 주입하지 않아도 되는 곳은?

① 버킷 핀
② 링키지
③ 트랙 슈
④ 선회 베어링

55 크롤러형 굴착기가 진흙에 빠져서, 자력으로는 탈출이 거의 불가능하게 된 상태의 경우, 견인방법으로 가장 적당한 것은?

① 버킷으로 지면을 걸고 나온다.
② 두 대의 굴착기 버킷을 서로 걸고 견인한다.
③ 전부 장치로 잭업 시킨 후, 후진으로 밀면서 나온다.
④ 하부기구 본체에 와이어로프를 걸고 크레인으로 당길 때 굴착기는 주행레버를 견인 방향으로 밀면서 나온다.

56 굴착기 작업 시 진행 방향으로 옳은 것은?

① 전진
② 후진
③ 선회
④ 우방향

➕ 해설
굴착기로 작업을 할 때에는 후진시키면서 한다.

57 넓은 홈의 굴착 작업 시 알맞은 굴착 순서는?

① 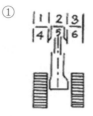 ②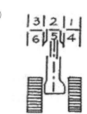

③ 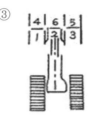 ④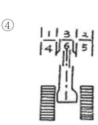

58 굴착기 작업 안전수칙에 대한 설명 중 틀린 것은?

① 버킷에 무거운 하중이 있을 때는 5~10cm 들어 올려서 장비의 안전을 확인한 후 계속 작업한다.
② 버킷이나 하중을 달아 올린 채로 브레이크를 걸어두어서는 안 된다.
③ 작업할 때는 버킷 옆에 항상 작업을 보조하기 위한 사람이 위치하도록 한다.
④ 운전자는 작업반경의 주위를 파악한 후 스윙, 붐의 작동을 행한다.

59 경사면 작업 시 전복사고를 유발할 수 행위가 아닌 것은?

① 붐이 탈착된 상태에서 좌우로 스윙할 때
② 작업 반경을 초과한 상태로 작업을 때
③ 붐을 최대 각도로 상승한 상태로 스윙을 할 때
④ 작업 반경을 조정하기 위해 버킷을 높이 들고 스윙할 때

60 도심지 주행 및 작업 시 안전사항과 관계없는 것은?

① 안전표지의 설치
② 매설된 파이프 등의 위치 확인
③ 관성에 의한 선회 확인
④ 장애물의 위치 확인

🚜 정답 50 ④ 51 ③ 52 ① 53 ① 54 ③ 55 ④ 56 ② 57 ④ 58 ③ 59 ① 60 ③

굴착기운전기능사 실전모의고사 ❸

자격종목 및 등급	종목코드	시험시간	문제지형별	수험번호	성명
굴착기운전기능사	7862	60분			

1 굴착공사 시 도시가스배관의 안전조치와 관련된 사항 중 다음 ( )에 적합한 것은?

> 도시가스사업자는 굴착 예정 지역의 매설배관 위치를 굴착공사자에게 알려주어야 하며, 굴착공사자는 매설배관 위치를 매설배관 (㉠)의 지면에 (㉡) 페인트로 표시할 것

① ㉠ 우측부 ㉡ 황색
② ㉠ 직하부 ㉡ 황색
③ ㉠ 좌측부 ㉡ 적색
④ ㉠ 직상부 ㉡ 황색

🔵 **해설**
굴착공사자는 매설배관 위치를 매설배관 직상부의 지면에 황색 페인트로 표시할 것

2 고압선로 주변에서 건설기계에 의한 작업 중 고압선로 또는 지지물에 접촉 위험이 가장 높은 것은?

① 장비 운전석
② 하부 주행체
③ 붐 또는 권상로프
④ 상부 회전체

3 화재의 분류 기준으로 틀린 것은?

① A급 화재 : 고체 연료성 화재
② D급 화재 : 금속화재
③ B급 화재 : 액상 또는 기체 상의 연료성 화재
④ C급 화재 : 가스화재

🔵 **해설**
C급 화재 : 전기화재

4 안전·보건표지에서 안내표지의 바탕색은?

① 백색
② 적색
③ 흑색
④ 녹색

🔵 **해설**
안내표지는 녹색바탕에 백색으로 안내 대상을 지시하는 표지판이다.

5 작업 시 일반적인 안전에 대한 설명으로 틀린 것은?

① 회전되는 물체에 손을 대지 않는다.
② 장비는 취급자가 아니어도 사용한다.
③ 장비는 사용 전에 점검한다.
④ 장비 사용법은 사전에 숙지한다.

6 가스용접기에서 아세틸렌 용접장치의 방호장치는?

① 자동전격방지기
② 안전기
③ 제동 장치
④ 덮개

7 공구사용 시 주의해야 할 사항으로 틀린 것은?

① 강한 충격을 가하지 않을 것
② 손이나 공구에 기름을 바른 다음에 작업할 것
③ 주위 환경에 주의해서 작업할 것
④ 해머작업 시 보호안경을 쓸 것

8 구급처치 중에서 환자의 상태를 확인하는 사항과 거리가 먼 것은?

① 의식
② 격리
③ 상처
④ 출혈

9 자연적 재해가 아닌 것은?

① 방화
② 홍수
③ 태풍
④ 지진

10 벨트를 풀리(Pulley)에 장착 시 작업 방법에 대한 설명으로 옳은 것은?

① 중속으로 회전시키면서 건다.
② 회전을 중지시킨 후 건다.
③ 저속으로 회전시키면서 건다.
④ 고속으로 회전시키면서 건다.

11 디젤기관의 연소실중 연료 소비율이 낮으며 연소 압력이 가장 높은 연소실 형식은?

① 예연소실식
② 공기실식
③ 직접분사식
④ 와류실식

🔵 **해설**
직접분사식은 디젤기관의 연소실 중 연료 소비율이 낮으며 연소 압력이 가장 높다.

12 오일 압력이 낮은 것과 관계없는 것은?

① 엔진오일에 경우가 혼입되었을 때
② 실린더 벽과 피스톤 간극이 클 때
③ 각 마찰 부분 윤활 간극이 마모되었을 때
④ 커넥팅 로드 대단부 베어링과 핀 저널의 간극이 클 때

🔵 **해설**
실린더 벽과 피스톤 간극이 클 때 압축 압력의 저하로 기관의 출력이 저하한다.

🔵 **정답** 1 ④ 2 ③ 3 ④ 4 ④ 5 ② 6 ② 7 ② 8 ② 9 ① 10 ② 11 ③ 12 ②

13 커먼레일 디젤기관의 공기유량센서(AFS)로 많이 사용되는 방식은?

① 베인 방식
② 칼만 와류 방식
③ 피토관 방식
④ 열막 방식

해설
공기유량센서는 열막(Hot Film)방식을 사용하며, 이 센서의 주 기능은 EGR 피드백 제어이다. 또 다른 기능은 스모그 리미트 부스트 압력제어(매연 발생을 감소시키는 제어)이다.

14 다음 중 펌프로부터 보내진 고압의 연료를 미세한 안개 모양으로 연소실에 분사하는 부품으로 알맞은 것은?

① 커먼레일
② 분사 펌프
③ 공급펌프
④ 분사노즐

해설
분사노즐은 분사 펌프에 보내준 고압의 연료를 연소실에 안개 모양으로 분사하는 부품이다.

15 엔진의 부하에 따라 연료 분사량을 가감하여 최고 회전속도를 제어하는 장치는?

① 플런저와 노즐 펌프
② 토크컨버터
③ 래크와 피니언
④ 거버너

해설
거버너(조속기)는 분사 펌프에 설치되어 있으며, 기관의 부하에 따라 자동적으로 연료 분사량을 가감하여 최고 회전속도를 제어한다.

16 배기터빈 과급기에서 터빈 축 베어링의 윤활방법으로 옳은 것은?

① 기관오일을 급유
② 오일리스 베어링 사용
③ 그리스로 윤활
④ 기어오일을 급유

해설
과급기의 터빈 축 베어링에는 기관오일을 급유한다.

17 건설기계에 사용되는 12볼트(V) 80암페어(A) 축전지 2개를 병렬 연결하면 전압과 전류는?

① 24볼트(V) 160암페어(A)가 된다.
② 12볼트(V) 160암페어(A)가 된다.
③ 24볼트(V) 80암페어(A)가 된다.
④ 12볼트(V) 80암페어(A)가 된다.

해설
12V 80A 축전지 2개를 병렬로 연결하면 12V 160A가 된다.

18 다음 중 예열장치의 설치 목적으로 옳은 것은?

① 연료를 압축하여 분무성을 향상시키기 위함이다.
② 냉간시동 시 시동을 원활히 하기 위함이다.
③ 연료 분사량을 조절하기 위함이다.
④ 냉각수의 온도를 조절하기 위함이다.

해설
예열장치는 한랭한 상태에서 기관을 시동할 때 시동을 원활히 하기 위해 사용한다.

19 건설기계에 주로 사용되는 기동전동기로 맞는 것은?

① 직류복권 전동기
② 직류직권 전동기
③ 직류분권 전동기
④ 교류 전동기

해설
기관 시동용으로 사용하는 전동기는 직류직권 전동기이다.

20 방향지시등 스위치 작동 시 한쪽은 정상이고, 다른 한쪽은 점멸 작용이 정상과 다르게(빠르게, 느리게, 작동불량) 작용할 때, 고장 원인으로 가장 거리가 먼 것은?

① 플래셔 유닛이 고장 났을 때
② 한쪽 전구소켓에 녹이 발생하여 전압 강하가 있을 때
③ 전구 1개가 단선 되었을 때
④ 한쪽 램프 교체 시 규정용량의 전구를 사용하지 않았을 때

해설
플래셔 유닛이 고장 나면 모든 방향지시등이 점멸되지 못한다.

21 유압 모터의 일반적인 특징으로 가장 적합한 것은?

① 넓은 범위의 무단변속이 용이하다.
② 직선운동 시 속도조절이 용이하다.
③ 각도에 제한 없이 왕복 각운동을 한다.
④ 운동량을 자동으로 직선 조작할 수 있다.

해설
유압 모터는 넓은 범위의 무단변속이 용이한 장점이 있다.

22 유압기기 속에 혼입되어 있는 불순물을 제거하기 위해 사용되는 것은?

① 패킹
② 릴리프 밸브
③ 배수기
④ 스트레이너

해설
스트레이너(Strainer)는 유압펌프의 흡입관에 설치하는 여과기이다.

23 사용 중인 작동유의 수분 함유 여부를 현장에서 판정하는 것으로 가장 적합한 방법은?

① 오일을 가열한 철판 위에 떨어뜨려 본다.
② 오일의 냄새를 맡아본다.
③ 오일을 시험관에 담아서 침전물을 확인한다.
④ 여과지에 약간(3~4방울)의 오일을 떨어뜨려 본다.

해설
작동유의 수분함유를 알아보려면 가열한 철판 위에 오일을 떨어뜨려 본다.

24 유압 계통에서 오일 누설 시의 점검사항이 아닌 것은?

① 오일의 윤활성
② 실(Seal)의 파손
③ 실(Seal)의 마모
④ 볼트의 이완

해설
오일이 누설되면 실(Seal)의 파손, 실(Seal)의 마모, 볼트의 이완 등을 점검한다.

25 유압회로에서 어떤 부분회로의 압력을 주회로의 압력보다 저압으로 해서 사용하고자 할 때 사용하는 밸브는?

① 릴리프 밸브   ② 리듀싱 밸브
③ 카운터밸런스 밸브   ④ 체크 밸브

> **해설**
> 리듀싱(감압) 밸브는 어떤 부분회로의 압력을 주회로의 압력보다 저압으로 해서 사용하고자 할 때 사용한다.

26 베인 펌프의 일반적인 특징이 아닌 것은?

① 대용량, 고속 가변형에 적합하지만 수명이 짧다.
② 맥동과 소음이 적다.
③ 간단하고 성능이 좋다.
④ 소형, 경량이다.

> **해설**
> 베인 펌프는 수명이 길다.

27 작동유가 넓은 온도 범위에서 사용되기 위한 조건으로 가장 알맞은 것은?

① 산화작용이 양호해야 한다.
② 점도지수가 높아야 한다.
③ 유성이 커야 한다.
④ 소포성이 좋아야 한다.

> **해설**
> 작동유가 넓은 온도범위에서 사용되기 위해서는 점도지수가 높아야 한다.

28 유압 실린더의 종류에 해당하지 않은 것은?

① 복동 실린더 더블로드형
② 복동 실린더 싱글로드형
③ 단동 실린더 램형
④ 단동 실린더 배플형

> **해설**
> 유압 실린더의 종류에는 단동 실린더, 복동 실린더(싱글로드형과 더블로드형), 다단 실린더, 램형 실린더 등이 있다.

29 그림에서 체크 밸브를 나타낸 것은?

30 유압회로에서 속도 제어 회로에 속하지 않는 것은?

① 시퀀스 회로   ② 미터 인 회로
③ 블리드 오프 회로   ④ 미터 아웃 회로

> **해설**
> 속도 제어 회로에는 미터인 회로, 미터 아웃 회로, 블리드 오프회로가 있다.

31 건설기계 조종 중 과실로 1명에게 중상을 입힌 때 건설기계를 조종한 자에 대한 면허의 처분기준은?

① 면허효력정지 60일   ② 면허효력정지 15일
③ 면허효력정지 30일   ④ 취소

> **해설**
> 인명 피해에 따른 면허정지 기간
> • 사망 1명마다 : 면허효력정지 45일
> • 중상 1명마다 : 면허효력정지 15일
> • 경상 1명마다 : 면허효력정지 5일

32 그림과 같은 교통안전표지의 뜻은?

① 좌합류 도로가 있음을 알리는 것
② 좌로 굽은 도로가 있음을 알리는 것
③ 우합류 도로가 있음을 알리는 것
④ 철길 건널목이 있음을 알리는 것

33 건설기계관리법상의 건설기계 사업에 해당하지 않는 것은?

① 건설기계 매매업   ② 건설기계 해체재활용업
③ 건설기계 정비업   ④ 건설기계 제작업

> **해설**
> 건설기계 사업의 종류에는 매매업, 대여업, 해체재활용업, 정비업이 있다.

34 도로교통법에서 정하는 주차금지 장소가 아닌 곳은?

① 소방용 방화 물통으로부터 5m 이내인 곳
② 전신주로부터 20m 이내인 곳
③ 화재경보기로부터 3m 이내인 곳
④ 터널 안 및 다리 위

35 건설기계관리법령상 건설기계 조종사 면허의 취소처분 기준에 해당하지 않는 것은?

① 건설기계 조종사 면허증을 다른 사람에게 빌려 준 경우
② 술에 취한 상태(혈중 알코올농도 0.03% 이상 0.08% 미만)에서 건설기계를 조종하다가 사고로 사람을 죽게 하거나 다치게 한 경우
③ 국토교통부장관, 시·도지사, 시장·군수 또는 구청장 등의 직원 출입을 정당한 사유 없이 거부하거나 방해한 경우
④ 술에 만취한 상태(혈중 알코올농도 0.08%)에서 건설기계를 조종한 경우

> **해설**
> 국토교통부장관, 시·도지사, 시장·군수 또는 구청장 등의 직원 출입을 정당한 사유 없이 거부하거나 방해한 경우 300만 원 이하의 과태료가 발생한다.

36 정기검사 신청을 받은 검사대행자는 며칠 이내에 검사일시 및 장소를 신청인에게 통지하여야 하는가?

① 3일   ② 20일
③ 15일   ④ 5일

> **해설**
> 정기검사 신청을 받은 검사대행자는 5일 이내에 검사일시 및 장소를 신청인에게 통지하여야 한다.

37 건설기계관리법령상 건설기계의 범위로 옳은 것은?

① 덤프트럭 : 적재용량 10톤 이상인 것
② 공기압축기 : 공기토출량이 매분당 10세제곱미터 이상의 이동식인 것
③ 불도저 : 무한궤도식 또는 타이어식인 것
④ 기중기 : 무한궤도식으로 레일식일 것

38 도로교통법에 의한 통고처분의 수령을 거부하거나 범칙금을 기간 안에 납부하지 못한 자는 어떻게 처리되는가?

① 면허증이 취소된다.
② 즉결 심판에 회부된다.
③ 연기신청을 한다.
④ 면허의 효력이 정지된다.

ⓞ해설
통고처분의 수령을 거부하거나 범칙금을 기간 안에 납부하지 못한 자는 즉결 심판에 회부된다.

39 고속도로 통행이 허용되지 않는 건설기계는?

① 콘크리트 믹서 트럭
② 덤프트럭
③ 지게차
④ 기중기(트럭적재식)

40 건설기계의 출장검사가 허용되는 경우가 아닌 것은?

① 너비가 2.5m 미만 건설기계
② 최고속도가 35km/h 미만인 건설기계
③ 도서지역에 있는 건설기계
④ 자체중량이 40톤을 초과 하거나 축중이 10톤을 초과하는 건설기계

ⓞ해설
출장검사를 받을 수 있는 경우는 ②, ③, ④항 이외에 너비가 2.5m 이상인 경우

41 타이어식 굴착기로 길고 급한 경사 길을 운전할 때 반 브레이크를 오래 사용하면 어떤 현상이 생기는가?

① 라이닝은 페이드, 파이프는 스팀록
② 파이프는 증기폐쇄, 라이닝은 스팀록
③ 라이닝은 페이드, 파이프는 베이퍼록
④ 파이프는 스팀록, 라이닝은 베이퍼록

ⓞ해설
길고 급한 경사 길을 운전할 때 반 브레이크를 사용하면 라이닝에서는 페이드가 발생하고, 파이프에서는 베이퍼록이 발생한다.

42 무한궤도식 굴착기에서 캐리어 롤러에 대한 내용으로 맞는 것은?

① 캐리어 롤러는 좌우 10개로 구성되어 있다.
② 트랙의 장력을 조정한다.
③ 장비의 전체 중량을 지지한다.
④ 트랙을 지지한다.

ⓞ해설
캐리어 롤러(상부롤러)는 트랙 프레임 위에 한쪽만 지지하거나 양쪽을 지지하는 브래킷에 1~2개를 설치한다.

43 추진축의 각도 변화를 가능하게 하는 이음은?

① 등속이음
② 자재이음
③ 플랜지 이음
④ 슬립이음

ⓞ해설
자재이음(유니버설 조인트)은 두 축 간의 충격 완화와 각도 변화를 융통성 있게 동력 전달하는 기구이다.

44 굴착기의 작업 장치 중 콘크리트 등을 깰 때 사용되는 것으로 가장 적합한 것은?

① 마그넷
② 브레이커
③ 파일 드라이버
④ 드롭해머

ⓞ해설
브레이커는 아스팔트, 콘크리트, 바위 등을 깰 때 사용하는 작업 장치이다.

45 휠식 굴착기에서 아워 미터의 역할은?

① 엔진 가동시간을 나타낸다.
② 주행거리를 나타낸다.
③ 오일량을 나타낸다.
④ 작동유량을 나타낸다.

ⓞ해설
아워 미터(시간계)의 설치목적은 가동시간에 맞추어 예방정비 및 각종 오일교환과 각 부위 주유를 정기적으로 하기 위함이다.

46 굴착기를 크레인 등으로 들어 올릴 때 주의사항으로 틀린 것은?

① 굴착기 중량에 알맞은 크레인을 사용한다.
② 굴착기의 앞부분부터 들리도록 와이어로프로 묶는다.
③ 와이어로프는 충분한 강도가 있어야 한다.
④ 배관 등이 와이어로프에 닿지 않도록 한다.

47 굴착기를 주차시키고자 할 때의 방법으로 옳지 않은 것은?

① 단단하고 평탄한 지면에 굴착기를 정차시킨다.
② 작업 장치는 굴착기 중심선과 일치시킨다.
③ 유압계통의 압력을 완전히 제거한다.
④ 유압 실린더의 로드(Rod)는 노출시켜 놓는다.

ⓞ해설
굴착기를 주차시킬 때 유압 실린더 로드를 노출시키지 않도록 한다.

48 굴착기의 3대 주요 구성요소로 가장 적당한 것은?

① 상부회전체, 하부회전체, 중간회전체
② 작업장치, 하부추진체, 중간선회체
③ 작업장치, 상부회전체, 하부추진체
④ 상부조정 장치, 하부회전 장치, 중간동력 장치

ⓞ해설
굴착기는 작업장치, 상부회전체, 하부추진체로 구성된다.

49 다음 중 구조 및 기능 점검의 구성요소에 속하지 않는 것은?

① 붐
② 디퍼스틱
③ 버킷
④ 롤러

ⓞ해설
구조 및 기능 점검은 붐, 디퍼스틱(암, 투붐), 버킷으로 구성된다.

정답 37 ③ 38 ② 39 ③ 40 ① 41 ③ 42 ④ 43 ② 44 ② 45 ① 46 ② 47 ④ 48 ③ 49 ④

50 굴착기의 굴착 작업은 주로 어느 것을 사용하면 좋은가?

① 버킷 실린더　　　② 디퍼스틱 실린더
③ 붐 실린더　　　　④ 주행 모터

❶ 해설
굴착작업을 할 때에는 주로 디퍼스틱(암) 실린더를 사용하여야 한다.

51 굴착 작업 시 작업능력이 떨어지는 원인으로 맞는 것은?

① 트랙 슈에 주유가 안 됨
② 아워미터 고장
③ 조향핸들 유격 과다
④ 릴리프 밸브 조정 불량

❶ 해설
릴리프 밸브의 조정이 불량하면 작업능력이 떨어진다.

52 굴착기의 붐의 작동이 느린 이유가 아닌 것은?

① 기름에 이물질 혼입
② 기름의 압력 저하
③ 기름의 압력 과다
④ 기름의 압력 부족

53 굴착기의 회전 로크장치에 대한 설명으로 알맞은 것은?

① 선회 클러치의 제동 장치이다.
② 드럼 축의 회전 제동 장치이다.
③ 굴착할 때 반력으로 차체가 후진하는 것을 방지하는 장치이다.
④ 작업 중 차체가 기울어져 상부회전체가 자연히 회전하는 것을 방지하는 장치이다.

❶ 해설
회전 로크장치는 작업 중 차체가 기울어져 상부회전체가 자연히 회전하는 것을 방지한다.

54 굴착기의 양쪽 주행레버를 조작하여 급회전하는 것을 무슨 회전이라고 하는가?

① 급회전
② 스핀 회전
③ 피벗 회전
④ 원웨이 회전

❶ 해설
스핀 턴(Spin Turn) : 양쪽 주행레버를 조작하여 급회전하는 것

55 타이어형 굴착기의 주행 전 주의사항으로 틀린 것은?

① 버킷 실린더, 암 실린더를 충분히 눌려 펴서 버킷이 캐리어 상면 높이 위치에 있도록 한다.
② 버킷 레버, 암 레버, 붐 실린더 레버가 움직이지 않도록 잠가둔다.
③ 선회고정 장치는 반드시 풀어 놓는다.
④ 굴착기에 그리스, 오일, 진흙 등이 묻어 있는지 점검한다.

❶ 해설
선회고정 장치는 반드시 잠가 놓는다.

56 트랙형 굴착기의 주행 장치에 브레이크 장치가 없는 이유로 가장 적당한 것은?

① 주속으로 주행하기 때문이다.
② 트랙과 지면의 마찰이 크기 때문이다.
③ 주행제어 레버를 반대로 작용시키면 정지하기 때문이다.
④ 주행제어 레버를 중립으로 하면 주행 모터의 작동유 공급 쪽과 복귀 쪽 회로가 차단되기 때문이다.

❶ 해설
트랙형 굴착기에 브레이크 장치가 없는 이유는 주행제어 레버를 중립으로 하면 주행 모터의 작동유 공급 쪽과 복귀 쪽 회로가 차단되기 때문이다.

57 덤프트럭에 상차작업 시 가장 중요한 굴착기의 위치는?

① 선회거리를 가장 짧게 한다.
② 암 작동거리를 가장 짧게 한다.
③ 버킷 작동거리를 가장 짧게 한다.
④ 붐 작동거리를 가장 짧게 한다.

❶ 해설
덤프트럭에 상차작업을 할 때 굴착기의 선회거리를 가장 짧게 하여야 한다.

58 굴착기 작업 시 작업 안전사항으로 틀린 것은?

① 기중작업은 가능한 피하는 것이 좋다.
② 경사지 작업 시 측면절삭을 행하는 것이 좋다.
③ 타이어형 굴착기로 작업 시 안전을 위하여 아웃트리거를 받치고 작업한다.
④ 한쪽 트랙을 들 때에는 암과 붐 사이의 각도는 90~110° 범위로 해서 들어주는 것이 좋다.

❶ 해설
경사지에서 작업할 때 측면절삭을 해서는 안 된다.

59 굴착기로 작업 시 작동이 불가능하거나 해서는 안 되는 작동은 다음 중 어느 것인가?

① 굴착하면서 선회한다.
② 붐을 들면서 버킷에 흙을 담는다.
③ 붐을 낮추면서 선회한다.
④ 붐을 낮추면서 굴착 한다.

❶ 해설
굴착기로 작업할 때 굴착하면서 선회를 해서는 안 된다.

60 굴착기로 작업할 때 주의사항으로 틀린 것은?

① 땅을 깊이 팔 때는 붐의 호스나 버킷 실린더의 호스가 지면에 닿지 않도록 한다.
② 암석, 토사 등을 평탄하게 고를 때는 선회관성을 이용하면 능률적이다.
③ 암 레버의 조작 시 잠깐 멈췄다가 움직이는 것은 펌프의 토출량이 부족하기 때문이다.
④ 작업 시는 실린더의 행정 끝에서 약간 여유를 남기도록 운전한다.

❶ 해설
암석, 토사 등을 평탄하게 고를 때는 선회관성을 이용하면 스윙모터에 과부하가 걸리기 쉽다.

자격종목 및 등급	종목코드	시험시간	문제지형별	수험번호	성명
굴착기운전기능사	**7862**	**60분**			

1 안전제일에서 가장 먼저 선행되어야 하는 이념으로 맞는 것은?

① 재산 보호
② 생산성 향상
③ 신뢰성 향상
④ 인명 보호

2 하인리히의 사고예방 원리 5단계를 순서대로 나열한 것은?

① 조직 – 사실의 발견 – 평가분석 – 시정책의 선정 – 시정책의 적용
② 시정책의 적용 – 조직 – 사실의 발견 – 평가분석 – 시정책의 선정
③ 사실의 발견 – 평가분석 – 시정책의 선정 – 시정책의 적용 – 조직
④ 시정책의 선정 – 시정책의 적용 – 조직 – 사실의 발견 – 평가분석

⊕ 해설
하인리히의 사고예방 원리 5단계 순서는 조직 – 사실의 발견 – 평가분석 – 시정책의 선정 – 시정책의 적용이다.

3 안전사고와 부상의 종류에서 재해의 분류상 중상해란?

① 부상으로 1주 이상의 노동 손실을 가져온 상해 정도
② 부상으로 2주 이상의 노동 손실을 가져온 상해 정도
③ 부상으로 3주 이상의 노동 손실을 가져온 상해 정도
④ 부상으로 4주 이상의 노동 손실을 가져온 상해 정도

4 도시가스사업법에서 저압이라 함은 압축가스일 경우 몇 MPa 미만의 압축을 말하는가?

① 0.1
② 1
③ 0.3
④ 0.01

⊕ 해설
도시가스의 압력
• 저압 : 0.1MPa 미만
• 중압 : 0.1Mpa 이상 1Mpa 미만
• 고압 : 1MPa 이상

5 현재 한전에서 운용하고 있는 송전선로 종류가 아닌 것은

① 345KV 선로
② 765KV 선로
③ 154KV 선로
④ 22.9KV 선로

⊕ 해설
한국전력에서 사용하는 송전선로 종류에는 154kV, 345kV, 765kV가 있다.

6 다음 중 안전 · 보건표지의 구분에 해당하지 않는 것은?

① 금지표지
② 성능표지
③ 지시표지
④ 안내표지

⊕ 해설
안전표지의 종류에는 금지표지, 경고표지, 지시표지, 안내표지가 있다.

7 B급 화재에 대한 설명으로 옳은 것은?

① 목재, 섬유류 등의 화재로서 일반적으로 냉각소화를 한다.
② 유류 등의 화재로서 일반적으로 질식효과(공기차단)로 소화한다.
③ 전기기기의 화재로서 일반적으로 전기절연성을 갖는 소화제로 소화한다.
④ 금속나트륨 등의 화재로서 일반적으로 건조사를 이용한 질식효과로 소화한다.

⊕ 해설
B급 화재는 휘발유, 벤젠 등의 유류화재이며, 질식효과(공기차단)로 소화한다.

8 동력공구 사용 시 주의사항으로 틀린 것은?

① 보호구는 안 해도 무방하다.
② 에어 그라인더는 회전 수에 유의한다.
③ 규정 공기압력을 유지한다.
④ 압축공기 중의 수분을 제거하여 준다.

9 기중작업 시 무거운 하중을 들기 전에 반드시 점검해야 할 사항으로 가장 거리가 먼 것은?

① 클러치
② 와이어 로프
③ 브레이크
④ 붐의 강도

10 작업장에서 지킬 안전사항 중 틀린 것은?

① 안전모는 반드시 착용한다.
② 고압전기, 유해가스 등에 적색 표지판을 부착한다.
③ 해머 작업을 할 때는 장갑을 착용한다.
④ 기계의 주유 시는 동력을 차단한다.

11 디젤기관에서 일반적으로 흡입공기 압축 시 압축온도는 약 얼마인가?

① 300~350℃
② 500~550℃
③ 1100~1150℃
④ 1500~1600℃

⊕ 해설
디젤기관의 흡입공기 압축온도는 500~550℃ 정도이다.

12 디젤기관의 피스톤 링이 마멸되었을 때 발생되는 현상은?

① 엔진오일의 소모가 증대된다.
② 폭발압력의 증가 원인이 된다.
③ 피스톤 평균속도가 상승한다.
④ 압축비가 높아진다.

⊕ 해설
피스톤 링이 마모되면 기관오일이 연소실에서 연소하므로 오일의 소모가 증대되며 이때 배기가스 색이 회백색이 된다.

정답 1 ④ 2 ① 3 ② 4 ① 5 ④ 6 ② 7 ② 8 ① 9 ④ 10 ③ 11 ② 12 ①

13 기관의 윤활장치에서 엔진오일의 여과 방식이 아닌 것은?

① 전류식　　　　　　② 샨트식
③ 합류식　　　　　　④ 분류식

해설
기관오일의 여과 방식에는 분류식, 샨트식, 전류식 등이 있다.

14 다음 중 수냉식 기관의 정상운전 중 냉각수 온도로 옳은 것은?

① 75~95℃　　　　　② 55~60℃
③ 40~60℃　　　　　④ 20~30℃

해설
기관의 냉각수 온도는 실린더 헤드 물재킷 부분의 온도로 나타내며, 75~95℃ 정도면 정상이다.

15 공기청정기의 종류 중 특히 먼지가 많은 지역에 적합한 공기청정기는?

① 건식　　　　　　　② 유조식
③ 복합식　　　　　　④ 습식

해설
유조식 공기청정기는 여과효율이 낮으나 보수관리 비용이 싸고 엘리먼트의 파손이 적으며, 영구적으로 사용할 수 있어 먼지가 많은 지역에 적합하다.

16 기관 시동 전에 점검할 사항으로 틀린 것은?

① 엔진오일량
② 엔진 주변 오일 누유 확인
③ 엔진오일의 압력
④ 냉각수량

17 한쪽의 방향지시등만 점멸 속도가 빠른 원인으로 옳은 것은?

① 전조등 배선 접촉불량
② 플래셔 유닛 고장
③ 한쪽 램프의 단선
④ 비상등 스위치 고장

해설
한쪽 램프가 단선되면 한쪽의 방향지시등만 점멸 속도가 빨라진다.

18 교류 발전기(AC)의 주요 부품이 아닌 것은?

① 로터
② 브러시
③ 스테이터 코일
④ 솔레노이드 조정기

19 엔진이 기동된 다음에는 피니언 기어가 공회전하여 링기어에 의해 엔진의 회전력이 기동 전동기에 전달되지 않도록 하여 엔진의 회전력이 기동 전동기에 전달되지 않도록 하는 장치는?

① 피니언 기어　　　　② 전기자
③ 오버런링 클러치　　④ 정류자

해설
오버런링 클러치는 엔진이 기동된 다음에 피니언이 공회전하여 링기어에 의해 엔진의 회전력이 기동 전동기에 전달되지 않도록 하여 엔진의 회전력이 기동 전동기에 전달되지 않도록 하는 장치이다.

20 건설기계에 사용되는 12볼트(V) 80암페어(A) 축전지 2개를 직렬 연결하면 전압과 전류는?

① 24볼트(V) 160암페어(A)가 된다.
② 12볼트(V) 160암페어(A)가 된다.
③ 24볼트(V) 80암페어(A)가 된다.
④ 12볼트(V) 80암페어(A)가 된다.

해설
12V 80A 축전지 2개를 직렬로 연결하면 24V 80A가 된다.

21 유압장치의 계통 내에 슬러지 등이 생겼을 때 이것을 용해하여 깨끗이 하는 작업은?

① 서징　　　　　　　② 코킹
③ 플러싱　　　　　　④ 트램핑

해설
플러싱이란 유압계통의 오일장치 내에 슬러지 등이 생겼을 때 그것을 용해하여 장치 내를 깨끗이 하는 작업이다.

22 유량 제어 밸브를 실린더와 병렬로 연결하여 실린더의 속도를 제어하는 회로는?

① 블리드 오프 회로
② 블리드 온 회로
③ 미터 인 회로
④ 미터 아웃 회로

해설
블리드 오프(Bleed Off)회로는 유량 제어 밸브를 실린더와 병렬로 연결하여 실린더의 속도를 제어한다.

23 유압 회로 내의 밸브를 갑자기 닫았을 때, 오일의 속도 에너지가 압력 에너지로 변하면서 일시적으로 큰 압력 증가가 생기는 현상을 무엇이라 하는가?

① 캐비테이션(Cavitation) 현상
② 서지(Surge) 현상
③ 채터링(Chattering) 현상
④ 에어레이션(Aeration) 현상

해설
서지 현상은 유압회로 내의 밸브를 갑자기 닫았을 때, 오일의 속도 에너지가 압력 에너지로 변하면서 일시적으로 큰 압력 증가가 생기는 현상이다.

24 작동유 온도가 과열되었을 때 유압계통에 미치는 영향으로 틀린 것은?

① 오일의 점도 저하에 의해 누유되기 쉽다.
② 유압펌프의 효율이 높아진다.
③ 온도 변화에 의해 유압기기가 열 변형되기 쉽다.
④ 오일의 열화를 촉진한다.

25 현장에서 유압유의 열화를 찾아내는 방법으로 가장 적합한 것은?

① 오일을 가열하였을 때 냉각되는 시간 확인
② 오일을 냉각시켰을 때 침전물의 유무 확인
③ 자극적인 악취, 색깔의 변화 확인
④ 건조한 여과지에 오일을 넣어 젖는 시간 확인

정답 **13** ③　**14** ①　**15** ②　**16** ③　**17** ③　**18** ④　**19** ③　**20** ③　**21** ③　**22** ①　**23** ②　**24** ②　**25** ③

26 유압장치에서 피스톤 로드에 있는 먼지 또는 오염물질 등이 실린더 내로 혼입되는 것을 방지하는 것은?

① 필터(Filter)
② 더스트 실(Dust Seal)
③ 밸브(Valve)
④ 실린더 커버(Cylinder Cover)

해설
더스트 실(Dust Seal)은 피스톤 로드에 있는 먼지 또는 오염물질 등이 실린더 내로 혼입되는 것을 방지한다.

27 유압장치에서 내구성이 강하고 작동 및 움직임이 있는 곳에 사용하기 적합한 호스는?

① 플렉시블 호스
② 구리 파이프 호스
③ PVC 호스
④ 강 파이프 호스

해설
플렉시블 호스는 내구성이 강하고 작동 및 움직임이 있는 곳에 사용하기 적합하다.

28 유압장치에서 금속 가루 또는 불순물을 제거하기 위해 사용되는 부품으로 짝지어진 것은?

① 여과기와 어큐뮬레이터
② 스크레이퍼와 필터
③ 필터와 스트레이너
④ 어큐뮬레이터와 스트레이너

29 유압장치의 구성요소 중 유압 발생 장치가 아닌 것은?

① 유압펌프
② 엔진 또는 전기모터
③ 오일 탱크
④ 유압 실린더

해설
유압장치의 기본 구성요소는 유압구동 장치(엔진 또는 전동기), 유압 발생 장치(유압펌프), 유압 제어 장치(유압제어 밸브)이다.

30 건설기계 유압 일반의 작동유 탱크의 구비조건 중 거리가 가장 먼 것은?

① 배유구(드레인 플러그)와 유면계를 두어야 한다.
② 흡입관과 복귀관 사이에 격판(차폐장치, 격리판)을 두어야 한다.
③ 유면을 흡입라인 아래까지 항상 유지할 수 있어야 한다.
④ 흡입 작동유 여과를 위한 스트레이너를 두어야 한다.

해설
유면은 적정위치 "Full"에 가깝게 유지하여야 한다.

31 특별표지판을 부착하지 않아도 되는 건설기계는?

① 최소 회전반경이 13m인 건설기계
② 길이가 17m인 건설기계
③ 너비가 3m인 건설기계
④ 높이가 3m인 건설기계

해설
특별표지판 부착대상 건설기계 : ①, ②, ③항 이외에 높이가 4m 이상인 경우

32 건설기계관리법의 입법 목적에 해당되지 않는 것은?

① 건설기계의 효율적인 관리를 하기 위함
② 건설기계 안전도 확보를 위함
③ 건설기계의 규제 및 통제를 하기 위함
④ 건설공사의 기계화를 촉진함

33 건설기계관리법령상 건설기계 사업의 종류가 아닌 것은?

① 건설기계 매매업
② 건설기계 대여업
③ 건설기계 해체재활용업
④ 건설기계 제작업

해설
사업의 종류에는 매매업, 대여업, 해체재활용업, 정비업이 있다.

34 건설기계관리법령상 건설기계의 소유자가 건설기계 등록신청을 하고자 할 때 신청할 수 없는 단체장은?

① 주민센터장
② 경기도지사
③ 부산광역시장
④ 제주특별자치도지사

해설
등록신청은 소유자의 주소지 또는 건설기계 사용 본거지를 관할하는 시·도지사에게 한다.

35 건설기계관리법에 따라 최고 주행속도 15km/h 미만의 타이어식 건설기계가 필히 갖추어야 할 조명장치가 아닌 것은?

① 전조등
② 후부반사기
③ 비상점멸 표시등
④ 제동등

해설
최고 속도 15km/h 미만 타이어식 건설기계에 갖추어야 하는 조명장치는 전조등, 후부 반사기, 제동등이다.

36 자동차전용도로의 정의로 가장 적합한 것은?

① 자동차만 다닐 수 있도록 설치된 도로
② 보도와 차도의 구분이 없는 도로
③ 보도와 차도의 구분이 있는 도로
④ 자동차 고속주행의 교통에만 이용되는 도로

해설
자동차전용도로란 자동차만 다닐 수 있도록 설치된 도로를 말한다.

37 도로교통법상 서행 또는 일시정지할 장소로 지정된 곳은?

① 교량 위
② 좌우를 확인할 수 있는 교차로
③ 가파른 비탈길의 내리막
④ 안전지대 우측

해설
가파른 비탈길의 내리막에서는 서행을 하여야 한다.

정답 26 ② 27 ① 28 ③ 29 ④ 30 ③ 31 ④ 32 ③ 33 ④ 34 ① 35 ③ 36 ① 37 ③

38 다음 교통안전 표지에 대한 설명으로 맞는 것은?

① 최고중량 제한표시
② 차간거리 최저 30m 제한표시
③ 최고시속 30킬로미터 속도제한표시
④ 최저시속 30킬로미터 속도제한표시

39 신호등에 녹색 등화 시 차마의 통행방법으로 틀린 것은?

① 차마는 다른 교통에 방해되지 않을 때에 천천히 우회전할 수 있다.
② 차마는 직진할 수 있다.
③ 차마는 비보호 좌회전 표시가 있는 곳에서는 언제든지 좌회전을 할 수 있다.
④ 차마는 좌회전을 하여서는 아니 된다.

🔍 **해설**
비보호 좌회전 표시지역에서는 녹색 등화에서만 좌회전을 할 수 있다.

40 교통안전시설이 표시하고 있는 신호와 경찰공무원의 수신호가 다른 경우 통행방법으로 옳은 것은?

① 신호기 신호를 우선적으로 따른다.
② 수신호는 보조 신호이므로 따르지 않아도 좋다.
③ 경찰공무원의 수신호에 따른다.
④ 자기가 판단하여 위험이 없다고 생각되면 아무 신호에 따라도 좋다.

41 무한궤도식 굴착기와 타이어식 굴착기의 운전 특성에 대한 설명한 것으로 틀린 것은?

① 무한궤도식은 습지, 사지에서의 작업이 유리하다.
② 타이어식은 변속 및 주행 속도가 빠르다.
③ 무한궤도식은 기복이 심한 곳에서 작업이 불리하다.
④ 타이어식은 장거리 이동이 빠르고, 기동성이 양호하다.

🔍 **해설**
• 타이어형은 장거리 이동이 쉽고, 기동성이 양호하며, 변속 및 주행속도가 빠르다.
• 무한궤도형은 접지압력이 낮아 습지, 사지, 기복이 심한 곳에서의 작업이 유리하다.

42 무한궤도식 굴착기에서 트랙이 자주 벗겨지는 원인으로 가장 거리가 먼 것은?

① 유격(긴도)이 규정보다 클 때
② 트랙의 상·하부 롤러가 마모되었을 때
③ 최종 구동기어가 마모되었을 때
④ 트랙의 중심 정렬이 맞지 않았을 때

43 구조 및 기능 점검에서 굳은 땅, 언 땅, 콘크리트 및 아스팔트 파괴 또는 나무뿌리 뽑기, 발파한 암석 파기 등에 가장 적합한 것은?

① 폴립 버킷
② 크렘셸
③ 쇼벨
④ 리퍼

🔍 **해설**
리퍼는 굳은 땅, 언 땅, 콘크리트 및 아스팔트 파괴 또는 나무뿌리 뽑기, 발파한 암석 파기 등에 사용된다.

44 굴착 작업 시 작업능력이 떨어지는 원인으로 맞는 것은?

① 트랙 슈에 주유가 안 됨
② 아워미터 고장
③ 조향핸들 유격 과다
④ 릴리프 밸브 조정 불량

45 굴착기의 상부회전체는 몇 도까지 회전이 가능한가?

① 90°
② 180°
③ 270°
④ 360°

🔍 **해설**
굴착기의 상부회전체는 360° 회전이 가능하다.

46 무한궤도식 굴착기의 유압식 하부추진체 동력 전달 순서로 맞는 것은?

① 기관 → 컨트롤 밸브 → 센터 조인트 → 유압펌프 → 주행 모터 → 트랙
② 기관 → 컨트롤 밸브 → 센터 조인트 → 주행 모터 → 유압 펌프 → 트랙
③ 기관 → 센터 조인트 → 유압펌프 → 컨트롤 밸브 → 주행 모터 → 트랙
④ 기관 → 유압펌프 → 컨트롤 밸브 → 센터 조인트 → 주행 모터 → 트랙

🔍 **해설**
무한궤도식 굴착기의 하부추진체 동력 전달 순서는 기관 → 유압펌프 → 컨트롤 밸브 → 센터 조인트 → 주행 모터 → 트랙이다.

47 무한궤도식 굴착기의 환향은 무엇에 의하여 작동되는가?

① 주행펌프
② 스티어링 휠
③ 스로틀 레버
④ 주행 모터

🔍 **해설**
무한궤도식 굴착기의 환향(조향)작용은 유압(주행)모터로 한다.

48 굴착기의 양쪽 주행레버를 조작하여 급회전하는 것을 무슨 회전이라고 하는가?

① 급회전
② 스핀 회전
③ 피벗 회전
④ 원웨이 회전

🔍 **해설**
스핀 턴(Spin Turn, 급 조향) : 좌·우측 주행레버를 동시에 한쪽 레버는 앞으로 밀고, 한쪽 레버를 당기면 차체중심을 기점으로 급회전이 이루어진다.

49 타이어식 건설기계에서 전·후 주행이 되지 않을 때 점검하여야 할 곳으로 틀린 것은?

① 타이로드 엔드를 점검한다.
② 변속장치를 점검한다.
③ 유니버설 조인트를 점검한다.
④ 주차 브레이크 잠김 여부를 점검한다.

50 굴착기 운전 시 작업안전사항으로 적합하지 않은 것은?

① 스윙하면서 버킷으로 암석을 부딪쳐 파쇄하는 작업을 하지 않는다.
② 안전한 작업 반경을 초과해서 하중을 이동시킨다.
③ 굴착하면서 주행하지 않는다.
④ 작업을 중지할 때는 파낸 모서리로부터 장비를 이동시킨다.

⊕ 해설
작업할 때 작업 반경을 초과해서 하중을 이동시켜서는 안 된다.

51 굴착을 깊게 하여야 하는 작업 시 안전준수 사항으로 가장 거리가 먼 것은?

① 여러 단계로 나누지 않고, 한 번에 굴착한다.
② 작업은 가능한 숙련자가 하고, 작업 안전 책임자가 있어야 한다.
③ 작업 장소의 조명 및 위험요소의 유무 등에 대하여 점검하여야 한다.
④ 산소결핍의 위험이 있는 경우는 안전담당자에게 산소농도 측정 및 기록을 하게 한다.

⊕ 해설
굴착을 깊게 할 경우에는 여러 단계로 나누어 굴착한다.

52 굴착기 작업 중 운전자가 하차 시 주의사항으로 틀린 것은?

① 엔진 정지 후 가속 레버를 최대로 당겨 놓는다.
② 타이어식인 경우 경사지에서 정차 시 고임목을 설치한다.
③ 버킷을 땅에 완전히 내린다.
④ 엔진을 정지시킨다.

⊕ 해설
엔진 정지 후 가속 레버는 저속으로 내려놓는다.

53 굴착기를 트레일러에 상차하는 방법에 대한 것으로 가장 적합하지 않는 것은?

① 가급적 경사대를 사용한다.
② 트레일러로 운반 시 작업 장치를 반드시 앞쪽으로 한다.
③ 경사대는 10~15° 정도 경사시키는 것이 좋다.
④ 붐을 이용하여 버킷으로 차체를 들어올려 탑재하는 방법도 이용되지만 전복의 위험이 있어 특히 주의를 요하는 방법이다.

⊕ 해설
트레일러로 굴착기를 운반할 때 작업 장치를 반드시 뒤쪽으로 한다.

54 휠식 굴착기에서 아워 미터의 역할은?

① 엔진 가동시간을 나타낸다.
② 주행거리를 나타낸다.
③ 오일량을 나타낸다.
④ 작동유량을 나타낸다.

⊕ 해설
아워 미터(시간계)의 설치 목적은 가동시간에 맞추어 예방정비 및 각종 오일교환과 각 부위 주유를 정기적으로 하기 위함이다.

55 굴착기 버킷 용량 표시로 옳은 것은?

① in^2
② yd^2
③ m^2
④ m^3

⊕ 해설
굴착기 버킷 용량은 m^3로 표시한다.

56 굴착기의 붐의 작동이 느린 이유가 아닌 것은?

① 기름에 이물질 혼입
② 기름의 압력 저하
③ 기름의 압력 과다
④ 기름의 압력 부족

57 굴착기의 밸런스 웨이트(Balance Weight)에 대한 설명으로 가장 적합한 것은?

① 작업을 할 때 장비의 뒷부분이 들리는 것을 방지한다.
② 굴착량에 따라 중량물을 들 수 있도록 운전자가 조절하는 장치이다.
③ 접지압을 높여주는 장치이다.
④ 접지면적을 높여주는 장치이다.

⊕ 해설
밸런스 웨이트는 작업을 할 때 장비의 뒷부분이 들리는 것을 방지한다.

58 크롤러식 굴착기에서 상부회전체의 회전에는 영향을 주지 않고 주행 모터에 작동유를 공급할 수 있는 부품은?

① 컨트롤 밸브
② 센터 조인트
③ 사축형 유압 모터
④ 언로더 밸브

59 굴착기에서 그리스를 주입하지 않아도 되는 곳은?

① 버킷 핀
② 링키지
③ 트랙 슈
④ 선회 베어링

60 굴착기로 작업할 때 주의사항으로 틀린 것은?

① 땅을 깊이 팔 때는 붐의 호스나 버킷 실린더의 호스가 지면에 닿지 않도록 한다.
② 암석, 토사 등을 평탄하게 고를 때는 선회관성을 이용하면 능률적이다.
③ 암 레버의 조작 시 잠깐 멈췄다가 움직이는 것은 펌프의 토출량이 부족하기 때문이다.
④ 작업 시는 실린더의 행정 끝에서 약간 여유를 남기도록 운전한다.

⊕ 해설
암석, 토사 등을 평탄하게 고를 때는 선회관성을 이용하면 스윙 모터에 과부하가 걸리기 쉽다.

정답 50 ② 51 ① 52 ① 53 ② 54 ① 55 ④ 56 ③ 57 ① 58 ② 59 ③ 60 ②

굴착기운전기능사 실전모의고사 ❺

자격종목 및 등급	종목코드	시험시간	문제지형별	수험번호	성명
굴착기운전기능사	7862	60분			

1 동력 전달 장치를 다루는데 필요한 안전수칙으로 틀린 것은?

① 커플링은 키 나사가 돌출되지 않도록 사용한다.
② 풀리가 회전 중일 때 벨트를 걸지 않도록 한다.
③ 벨트의 장력은 정지 중일 때 확인하지 않도록 한다.
④ 회전 중인 기어에는 손을 대지 않도록 한다.

⊕해설
벨트의 장력은 반드시 회전이 정지 된 상태에서 점검하도록 한다.

2 정 작업 시 안전수칙으로 부적합한 것은?

① 담금질한 재료를 정으로 쳐서는 안 된다.
② 기름을 깨끗이 닦은 후에 사용한다.
③ 머리가 벗겨진 것은 사용하지 않는다.
④ 차광안경을 착용한다.

3 고압 전선로 부근에서 작업 도중 고압선에 의한 감전사고가 발생하였다. 조치사항으로 틀린 것은?

① 감전사고 발생 시에는 감전자 구출, 증상의 관찰 등 필요한 조치를 취한다.
② 사고 자체를 은폐시킨다.
③ 전선로 관리자에게 연락을 취한다.
④ 가능한 한 전원으로부터 환자를 이탈시킨다.

4 폭 4m 이상 8m 미만인 도로에 일반 도시가스 배관을 매설 시 지면과 도시가스 배관 상부와의 최소 이격거리는?

① 0.6m　　　　② 1.0m
③ 1.2m　　　　④ 1.5

⊕해설
폭 4m 이상, 8m 미만인 도로에 일반 도시가스 배관을 매설할 때 지면과 도시가스 배관 상부와의 최소 이격거리는 1.0m 이상이다.

5 작업장에서 지켜야 할 준수사항이 아닌 것은?

① 불필요한 행동을 삼가 할 것
② 작업장에서는 급히 뛰지 말 것
③ 대기 중인 차량에는 고임목을 고여 둘 것
④ 공구를 전달할 경우 시간절약을 위해 가볍게 던질 것

6 해머 작업에 대한 주의사항으로 틀린 것은?

① 작업자가 서로 마주보고 두드린다.
② 작게 시작하여 차차 큰 행정으로 작업하는 것이 좋다.
③ 타격 범위에 장애물이 없도록 한다.
④ 녹슨 재료 사용 시 보안경을 사용한다.

7 화재 발생으로 부득이 화염이 있는 곳을 통과할 때의 요령으로 틀린 것은?

① 몸을 낮게 엎드려서 통과한다.
② 물수건으로 입을 막고 통과한다.
③ 머리카락, 얼굴, 발, 손 등을 불과 닿지 않게 한다.
④ 뜨거운 김은 입으로 마시면서 통과한다.

8 화재의 분류 기준에서 휘발유(액상 또는 기체상의 연료성 화재)로 인해 발생한 화재는?

① A급 화재
② B급 화재
③ C급 화재
④ D급 화재

⊕해설
B급 화재 : 휘발유, 벤젠 등 유류화재

9 다음 보기는 재해 발생 시 조치요령이다. 조치 순서로 가장 적합하게 이루어 진 것은?

[보기]	
① 운전 정지	② 관련된 또 다른 재해방지
③ 피해자 구조	④ 응급처치

① ① → ② → ③ → ④
② ③ → ② → ④ → ①
③ ③ → ④ → ① → ②
④ ① → ③ → ④ → ②

⊕해설
재해가 발생하였을 때 조치순서는 운전 정지 → 피해자 구조 → 응급처치 → 2차 재해방지

10 산업재해 원인은 직접원인과 간접원인으로 구분되는데 다음 직접원인 중에서 불안전한 행동에 해당되지 않는 것은?

① 허가 없이 장치를 운전
② 불충분한 경보 시스템
③ 결함 있는 장치를 사용
④ 개인 보호구 미사용

11 디젤기관의 특성으로 가장 거리가 먼 것은?

① 연료 소비율이 적고 열효율이 높다.
② 예열 플러그가 필요 없다.
③ 연료의 인화점이 높아서 화재의 위험성이 적다.
④ 전기 점화장치가 없어 고장률이 적다.

⊕해설
예연소실과 와류실식에서는 시동보조 장치인 예열 플러그를 필요로 한다.

정답 1 ③　2 ④　3 ②　4 ②　5 ④　6 ①　7 ④　8 ②　9 ④　10 ②　11 ②

12 디젤기관에 사용되는 연료의 구비조건으로 옳은 것은?

① 점도가 높고 약간의 수분이 섞여 있을 것

② 황의 함유량이 클 것

③ 착화점이 높을 것

④ 발열량이 클 것

해설

연료(경유)의 구비조건 적당한 점도를 지니며, 온도 변화에 따른 점도 변화가 적을 것, 착화점이 낮을 것, 황의 함유량이 적을 것, 연소 속도가 빠를 것

13 기관 과열의 원인이 아닌 것은?

① 히터 스위치 고장

② 수온조절기의 고장

③ 헐거워진 냉각 팬 벨트

④ 물 통로 내의 물 때(Scale)

14 엔진 윤활유의 기능이 아닌 것은?

① 방청 작용

② 연소 작용

③ 냉각작용

④ 윤활작용

해설

기밀작용(밀봉작용), 방청 작용(부식방지작용), 냉각작용, 마찰 및 마멸방지작용, 응력분산작용, 세척작용 등이 있다.

15 과급기(Turbo Charge)에 대한 설명 중 옳은 것은?

① 흡입 밸브에 의해 임펠러가 회전한다.

② 가솔린 기관에만 설치된다.

③ 연료 분사량을 증대시킨다.

④ 흡입공기의 밀도를 증가시킨다.

16 커먼레일 디젤기관의 가속페달 포지션 센서에 대한 설명 중 맞지 않는 것은?

① 가속페달 포지션 센서는 운전자의 의지를 전달하는 센서이다.

② 가속페달 포지션 센서2는 센서1을 검사하는 센서이다.

③ 가속페달 포지션 센서3은 연료 온도에 따른 연료량 보정 신호를 한다.

④ 가속페달 포지션 센서1은 연료량과 분사시기를 결정한다.

해설

가속페달 위치 센서는 운전자의 의지를 컴퓨터로 전달하는 센서이며, 센서 1에 의해 연료 분사량과 분사시기가 결정되며, 센서 2는 센서 1을 감시하는 기능으로 차량의 급출발을 방지하기 위한 것이다.

17 건설기계의 전기회로의 보호 장치로 맞는 것은?

① 안전 밸브

② 퓨저블 링크

③ 캠버

④ 턴 시그널 램프

해설

퓨저블 링크(Fusible Link)는 회로가 단락되었을 때 용단되어 전원 및 회로를 보호한다.

18 충전된 축전지라도 방치해두면 사용하지 않아도 조금씩 자연 방전하여 용량이 감소하는 현상은?

① 화학방전

② 자기방전

③ 강제방전

④ 급속방전

해설

자기방전이란 충전된 축전지라도 방치해두면 사용하지 않아도 조금씩 자연 방전하여 용량이 감소하는 현상이다.

19 기동전동기의 동력전달 기구를 동력전달 방식으로 구분한 것이 아닌 것은?

① 벤딕스식

② 피니언 섭동식

③ 계자 섭동식

④ 전기자 섭동식

20 건설기계에 사용되는 전기장치 중 플레밍의 오른손 법칙이 적용되어 사용되는 부품은?

① 발전기

② 기동전동기

③ 점화코일

④ 릴레이

해설

플레밍의 오른손 법칙은 발전기의 원리로 사용된다.

21 현장에서 오일의 오염도 판정방법 중 가열한 철판 위에 오일을 떨어뜨리는 방법은 오일의 무엇을 판정하기 위한 방법인가?

① 먼지나 이물질 함유

② 오일의 열화

③ 수분 함유

④ 산성도

해설

작동유의 수분 함유 여부를 알아보려면 가열한 철판 위에 오일을 떨어뜨려 본다.

22 유압 오일 내에 기포(거품)가 형성되는 이유로 가장 적합한 것은?

① 오일에 이물질 혼입

② 오일 점도가 높을 때

③ 오일에 공기혼입

④ 오일의 누설

23 공동(Cavitation)현상이 발생하였을 때의 영향 중 가장 거리가 먼 것은?

① 체적효율이 감소한다.

② 고압부분의 기포가 과포화상태로 된다.

③ 최고압력이 발생하여 급격한 압력파가 일어난다.

④ 유압장치 내부에 국부적인 고압이 발생하여 소음과 진동이 발생된다.

해설

공동현상이 발생하면 최고압력이 발생하여 급격한 압력파가 일어나고, 체적효율이 감소하며, 유압장치 내부에 국부적인 고압이 발생하여 소음과 진동이 발생된다.

24 액추에이터의 입구 쪽 관로에 유량 제어 밸브를 직렬로 설치하여 작동유의 유량을 제어함으로서 액추에이터의 속도를 제어하는 회로는?

① 시스템 회로(System Circuit)

② 블리드 오프 회로 (Bleed-Off Circuit)

③ 미터 인 회로(Meter-In Circuit)

④ 미터 아웃 회로(Meter-Out Circuit)

해설

미터 인 회로는 유압 액추에이터의 입력 쪽에 유량 제어 밸브를 직렬로 연결하여 액추에이터로 유입되는 유량을 제어하여 액추에이터의 속도를 제어한다.

정답 12 ④ 13 ① 14 ② 15 ④ 16 ③ 17 ② 18 ② 19 ③ 20 ① 21 ③ 22 ③ 23 ② 24 ③

25 유압장치에서 가변용량형 유압펌프의 기호는?

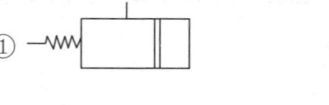

26 유압펌프 중 토출량을 변화시킬 수 있는 것은?

① 가변 토출량형 ② 고정 토출량형
③ 회전 토출량형 ④ 수평 토출량형

⊕ 해설
유압펌프의 토출량을 변화시킬 수 있는 것은 가변 토출형이며, 회전 수가 같을 때 펌프의 토출량이 변화하는 펌프를 가변용량형 펌프라 한다.

27 압력 제어 밸브의 종류가 아닌 것은?

① 교축밸브(Throttle Valve)
② 릴리프 밸브(Relief Valve)
③ 시퀀스 밸브(Sequence Valve)
④ 카운터밸런스 밸브(Counter Balancing Valve)

⊕ 해설
릴리프 밸브, 리듀싱(감압)밸브, 시퀀스(순차) 밸브, 언로더(무부하) 밸브, 카운터밸런스 밸브 등이 있다.

28 유압유의 유체 에너지(압력, 속도)를 기계적인 일로 변환시키는 유압장치는?

① 유압펌프 ② 유압 액추에이터
③ 어큐뮬레이터 ④ 유압밸브

⊕ 해설
유압 액추에이터는 압력(유압) 에너지를 기계적 에너지(일)로 바꾸는 장치이다.

29 유압 실린더의 지지방식이 아닌 것은?

① 유니언형
② 푸트형
③ 트러니언형
④ 플랜지형

⊕ 해설
지지방식에는 푸트형, 플랜지형, 트러니언형, 클레비스형이 있다.

30 유압 모터의 특징 중 거리가 가장 먼 것은?

① 소형으로 강력한 힘을 낼 수 있다.
② 과부하에 대해 안전하다.
③ 정·역회전 변화가 불가능하다.
④ 무단변속이 용이하다.

⊕ 해설
유압 모터는 소형으로 강력한 힘을 낼 수 있고, 과부하에 대해 안전하며, 정·역회전 변화가 가능하다. 또 무단변속이 용이하다.

31 고속도로를 제외한 도로에서 위험을 방지하고 교통의 안전과 원활한 소통을 확보하기 위하여 필요 시 구역 또는 구간을 지정하여 자동차의 속도를 제한할 수 있는 자는?

① 경찰청장 ② 국토교통부장관
③ 지방경찰청장 ④ 도로교통공단 이사장

⊕ 해설
지방경찰청장은 도로에서 위험을 방지하고 교통의 안전과 원활한 소통을 확보하기 위하여 필요하다고 인정하는 때에 구역 또는 구간을 지정하여 자동차의 속도를 제한할 수 있다.

32 도로교통법상 폭우·폭설·안개 등으로 가시거리가 100m 이내일 때 최고 속도의 감속으로 옳은 것은?

① 20% ② 50%
③ 60% ④ 80%

⊕ 해설
폭우·폭설·안개 등으로 가시거리가 100미터 이내일 때에는 최고 속도의 50%를 감속하여 운행하여야 한다.

33 가장 안전한 앞지르기 방법은?

① 좌·우측으로 앞지르기하면 된다.
② 앞차의 속도와 관계없이 앞지르기를 한다.
③ 반드시 경음기를 울려야 한다.
④ 반대 방향의 교통, 전방의 교통 및 후방에 주의를 하고 앞차의 속도에 따라 안전하게 한다.

34 도로교통법에서는 교차로, 터널 안, 다리 위 등을 앞지르기 금지 장소로 규정하고 있다. 그 외 앞지르기 금지 장소를 다음 [보기]에서 모두 고르면?

> [보기]
> A. 도로의 구부러진 곳
> B. 비탈길의 고갯마루 부근
> C. 가파른 비탈길의 내리막

① A ② A, B
③ B, C ④ A, B, C

35 편도 4차로 일반도로에서 4차로가 버스 전용차로일 때, 건설기계는 어느 차로로 통행하여야 하는가?

① 2차로 ② 3차로
③ 4차로 ④ 한가한 차로

36 건설기계관리법령상 자동차손해배상보장법에 따른 자동차보험에 반드시 가입하여야 하는 건설기계가 아닌 것은?

① 타이어식 지게차
② 타이어식 굴착기
③ 타이어식 기중기
④ 덤프트럭

37 4차로 이상 고속도로에서 건설기계의 법정 최고 속도는 시속 몇 km인가?

① 50 ② 60
③ 80 ④ 100

⊕ 해설
고속도로에서 건설기계의 법정 최고 속도는 80km/h, 최저 속도는 50km/h이다.

정답 **25** ③ **26** ① **27** ① **28** ② **29** ① **30** ③ **31** ③ **32** ② **33** ④ **34** ④ **35** ② **36** ① **37** ③

38 건설기계의 등록번호를 부착 또는 봉인하지 아니하거나 등록번호를 새기지 아니한 자에게 부가하는 법규상의 과태료로 맞는 것은?

① 30만 원 이하의 과태료
② 50만 원 이하의 과태료
③ 100만 원 이하의 과태료
④ 20만 원 이하의 과태료

⊕ 해설
건설기계의 등록번호를 부착 또는 봉인하지 아니하거나 등록번호를 새기지 아니한 자에 대한 벌칙은 100만 원 이하의 과태료

39 음주상태(혈중 알코올농도 0.03% 이상 0.08% 미만)에서 건설기계를 조종한 자에 대한 면허효력정지 처분기준은?

① 20일   ② 30일
③ 40일   ④ 60일

⊕ 해설
술에 취한 상태(혈중 알코올농도 0.03% 이상 0.08% 미만)에서 건설기계를 조종한 경우 면허효력정지 60일이다.

40 건설기계정비업의 업종 구분에 해당하지 않는 것은?

① 종합건설기계정비업
② 부분건설기계정비업
③ 전문건설기계정비업
④ 특수건설기계정비업

⊕ 해설
건설기계정비업의 구분에는 종합건설기계정비업, 부분건설기계정비업, 전문건설기계정비업 등이 있다.

41 튜브 리스 타이어의 장점이 아닌 것은?

① 펑크 수리가 간단하다.
② 못이 박혀도 공기가 잘 새지 않는다.
③ 튜브 조립이 없어 작업성이 향상된다.
④ 타이어 수명이 길다.

⊕ 해설
튜브 리스 타이어의 장점 : ①, ②, ③항 이외에 튜브가 없어 조금 가볍다.

42 상부 롤러에 대한 설명으로 틀린 것은

① 더블 플랜지형을 주로 사용한다.
② 트랙이 밑으로 처지는 것을 방지한다.
③ 전부 유동륜과 기동륜 사이에 1~2개가 설치된다.
④ 트랙의 회전을 바르게 유지한다.

⊕ 해설
상부 롤러는 싱글 플랜지형(바깥쪽으로 플랜지가 있는 형식)을 사용한다.

43 굴착기의 3대 주요 구성요소로 가장 적당한 것은?

① 상부회전체, 하부회전체, 중간회전체
② 작업장치, 하부추진체, 중간선회체
③ 작업장치, 상부회전체, 하부추진체
④ 상부조정 장치, 하부회전 장치, 중간동력 장치

⊕ 해설
굴착기는 작업장치, 상부회전체, 하부추진체로 구성된다.

44 굴착작업 시 작업능력이 떨어지는 원인으로 맞는 것은?(14 상시)

① 트랙 슈에 주유가 안 됨
② 아워 미터 고장
③ 조향핸들 유격 과다
④ 릴리프 밸브 조정 불량

45 점토, 석탄 등의 굴착 작업에는 사용하며, 절입 성능이 좋은 버킷 포인트는?

① 로크형 포인트(Lock Type Point)
② 롤러형 포인트(Roller Type Point)
③ 샤프형 포인트(Sharp Type Point)
④ 슈형 포인트(Shoe Type Point)

⊕ 해설
버킷 포인트(투스)의 종류
• 샤프형 포인트 : 점토, 석탄 등을 잘라낼 때 사용한다.
• 로크형 포인트 : 암석, 자갈 등을 굴착 및 적재작업에 사용한다.

46 크롤러식 굴착기(유압식)의 센터 조인트에 관한 설명으로 적합하지 않은 것은?

① 상부회전체의 회전중심부에 설치되어 있다.
② 상부회전체의 오일을 주행 모터에 전달한다.
③ 상부회전체가 롤링 작용을 할 수 있도록 설치되어 있다.
④ 상부회전체가 회전하더라도 호스, 파이프 등이 꼬이지 않고 원활히 송유하는 기능을 한다.

⊕ 해설
센터 조인트는 상부회전체의 회전중심부에 설치되어 있으며, 상부회전체의 유압유를 주행 모터로 전달한다. 또 상부회전체가 회전하더라도 호스, 파이프 등이 꼬이지 않고 원활히 공급한다.

47 무한궤도식 굴착기로 주행 중 회전 반경을 가장 적게 할 수 있는 방법은?

① 한쪽 주행 모터만 구동시킨다.
② 구동하는 주행 모터 이외에 다른 모터의 조향 브레이크를 강하게 작동시킨다.
③ 2개의 주행 모터를 서로 반대 방향으로 동시에 구동시킨다.
④ 트랙의 폭이 좁은 것으로 교체한다.

⊕ 해설
회전 반경을 적게 하려면 2개의 주행 모터를 서로 반대 방향으로 동시에 구동시킨다. 즉 스핀 회전을 한다.

48 트랙형 굴착기의 주행 장치에 브레이크 장치가 없는 이유로 가장 적당한 것은?

① 주속으로 주행하기 때문이다.
② 트랙과 지면의 마찰이 크기 때문이다.
③ 주행제어 레버를 반대로 작용시키면 정지하기 때문이다.
④ 주행제어 레버를 중립으로 하면 주행 모터의 작동유 공급 쪽과 복귀 쪽 회로가 차단되기 때문이다.

⊕ 해설
트랙형 굴착기의 주행 장치에 브레이크 장치가 없는 이유는 주행제어 레버를 중립으로 하면 주행 모터의 작동유 공급 쪽과 복귀 쪽 회로가 차단되기 때문이다.

정답 **38** ③ **39** ④ **40** ④ **41** ④ **42** ① **43** ③ **44** ④ **45** ③ **46** ③ **47** ③ **48** ④

49 덤프트럭에 상차작업 시 가장 중요한 굴착기의 위치는?

① 선회거리를 가장 짧게 한다.
② 암 작동거리를 가장 짧게 한다.
③ 버킷 작동거리를 가장 짧게 한다.
④ 붐 작동거리를 가장 짧게 한다.

⊕ 해설
덤프트럭에 상차작업을 할 때 굴착기의 선회거리를 가장 짧게 하여야 한다.

50 절토 작업 시 안전준수 사항으로 잘못된 것은?

① 상부에서 붕괴 낙하 위험이 있는 장소에서 작업은 금지한다.
② 상·하부 동시 작업으로 작업능률을 높인다.
③ 굴착 면이 높은 경우에는 계단식으로 굴착한다.
④ 부석이나 붕괴되기 쉬운 지반은 적절한 보강을 한다.

⊕ 해설
상·하부 동시 작업을 해서는 안 된다.

51 벼랑이나 암석을 굴착 작업 할 때 다음 중 안전한 방법은?

① 스프로킷을 앞쪽에 두고 작업한다.
② 중력을 이용한 굴착을 한다.
③ 신호자는 운전자 뒤쪽에서 신호를 한다.
④ 트랙 앞쪽에 트랙보호 장치를 한다.

⊕ 해설
트랙 앞쪽에 트랙보호 장치를 하고, 스프로킷은 뒤쪽에 두어야 하며, 중력을 이용한 굴착은 해서는 안 되며, 신호자는 운전자가 잘 볼 수 있는 위치에서 신호를 하여야 한다.

52 도심지 주행 및 작업 시 안전사항과 관계없는 것은?

① 안전표지의 설치
② 매설된 파이프 등의 위치 확인
③ 관성에 의한 선회 확인
④ 장애물의 위치 확인

53 굴착기로 작업 시 작동이 불가능하거나 해서는 안 되는 작동은 다음 중 어느 것인가?

① 굴착하면서 선회한다.
② 붐을 들면서 버킷에 흙을 담는다.
③ 붐을 낮추면서 선회한다.
④ 붐을 낮추면서 굴착한다.

⊕ 해설
굴착기로 작업할 때 굴착하면서 선회를 해서는 안 된다.

54 다음 중 굴착기 정차 및 주차방법으로 틀린 것은?

① 평탄한 지면에 정차시키고 침수지역은 피한다.
② 붐, 암 및 버킷은 최대로 오므리고 레버는 중립위치로 한다.
③ 경사지에서는 트랙 밑에 고임목을 고여 안전하게 한다.
④ 연료를 가득 채우고 각 부분을 청소하고 그리스를 급유한다.

⊕ 해설
붐, 암 및 버킷은 최대로 펴고 레버는 중립위치로 한 다음 버킷을 지면에 내려놓는다.

55 굴착기에 아워 미터(시간계)의 설치 목적이 아닌 것은?

① 가동시간에 맞추어 예방 정비를 한다.
② 가동시간에 맞추어 오일을 교환한다.
③ 각 부위 주유를 정기적으로 하기 위해 설치되어 있다.
④ 하차 만료 시간을 체크하기 위하여 설치되어 있다.

56 전부장치가 부착된 굴착기를 트레일러로 수송할 때 붐이 향하는 방향으로 가장 적합한 것은?

① 앞 방향
② 뒷 방향
③ 좌측 방향
④ 우측 방향

57 작업종료 후 굴착기 다루기를 설명한 것으로 틀린 것은?

① 약간 경사진 장소에 버킷을 들어놓은 상태로 놓아둔다.
② 연료탱크에 연료를 가득 채운다.
③ 각 부분의 그리스 주입은 아워 미터(적산 시간계)를 따른다.
④ 굴착기 내외 부분을 청소한다.

58 굴착기를 주차시키고자 할 때의 방법으로 옳지 않은 것은?

① 단단하고 평탄한 지면에 굴착기를 정차시킨다.
② 작업 장치는 굴착기 중심선과 일치시킨다.
③ 유압계통의 압력을 완전히 제거한다.
④ 유압 실린더의 로드(Rod)는 노출시켜 놓는다.

⊕ 해설
굴착기를 주차시킬 때 유압 실린더 로드를 노출시키지 않도록 한다.

59 무한궤도식 굴착기 좌·우 트랙에 각각 한 개씩 설치되어 있으며 센터 조인트로부터 유압을 받아 조향기능을 하는 구성품은?

① 주행 모터
② 드래그 링크
③ 조향기어 박스
④ 동력조향 실린더

⊕ 해설
주행 모터는 무한궤도식 굴착기 좌·우 트랙에 각각 한 개씩 설치되어 있으며 센터 조인트로부터 유압을 받아 조향기능을 한다.

60 다음 중 효과적인 굴착작업이 아닌 것은?

① 붐과 암의 각도를 80~110° 정도로 선정한다.
② 버킷 투스의 끝이 암(디퍼스틱)보다 안쪽으로 향해야 한다.
③ 버킷은 의도한대로 위치하고 붐과 암을 계속 변화시키면서 굴착한다.
④ 굴착한 후 암(디퍼스틱)을 오므리면서 붐은 상승위치로 변화시켜 하역위치로 스윙한다.

⊕ 해설
버킷 투스의 끝이 암(디퍼스틱)보다 바깥쪽으로 향해야 한다.

ALL PASS
굴착기운전기능사
필기시험 총정리문제

발 행 일 2025년 1월 10일 개정9판 1쇄 발행
2025년 4월 10일 개정9판 2쇄 발행

저   자 한국건설기계기술연구회

발 행 처 크라운출판사
http://www.crownbook.co.kr

발 행 인 李尙原
신고번호 제 300-2007-143호
주   소 서울시 종로구 율곡로13길 21
공 급 처 02) 765-4787, 1566-5937
전   화 02) 745-0311~3
팩   스 02) 743-2688, (02) 741-3231
홈페이지 www.crownbook.co.kr
I S B N 978-89-406-4925-1 / 13550

특별판매정가 13,000원